北京天气漫话

主编 尹炤寅

副主编 乔 媛 沈建红 杜春燕 郭文利

气象出版社
China Meteorological Press

图书在版编目（CIP）数据

北京天气漫话 / 尹炤寅主编 .—北京：气象出版社，2016.12
ISBN 978-7-5029-6519-8

Ⅰ. ①北… Ⅱ. ①尹… Ⅲ. ①天气—北京—普及读物 Ⅳ. ① P44-49

中国版本图书馆 CIP 数据核字（2017）第 000518 号

北京天气漫话

Beijing Tianqi Manhua

出版发行：气象出版社
地　　址：北京市海淀区中关村南大街 46 号　　邮　　编：100081
电　　话：010-68407112（总编室）　010-68408042（发行部）
网　　址：http://www.qxcbs.com　　E-mail：qxcbs@cma.gov.cn
责任编辑：侯娅南　邵　华　　终　　审：邵俊年
责任校对：王丽梅　　责任技编：赵相宁
封面设计：楠竹文化
印　　刷：北京地大天成印务有限公司
开　　本：787mm × 1092mm　1/16　　印　　张：13.25
字　　数：150 千字
版　　次：2016 年 12 月第 1 版　　印　　次：2016 年 12 月第 1 次印刷
定　　价：48.00 元

《北京天气漫话》编委会

鸣谢：本书的创作工作离不开北京市气象服务中心各位同仁的大力支持，在此感谢刘秀君、汪易、陆宁、闵晶晶、甘璐、张艳莉、谢思思等同志在本书撰写过程中所做的贡献。

序

天气气候与人们的生活息息相关。近年来，持续的气候变暖导致极端天气事件频发，引发了人们对气象科学的关注和思考。为了向社会公众普及气象科学知识，使之了解和掌握气象对社会生产生活的影响，增强人们应对气象灾害的能力，广大气象工作者陆续创作了很多气象科普作品，与这些作品相比较，《北京天气漫话》具有如下三个特点：

首先，参考了最新的学科科研成果，利用了最新的天气数据，力求达成“最专业的科普漫话”这一目标。

其次，形式活泼新颖。由于本书的读者定位为中小学生，因而采用的多是问答形式，配以青少年喜爱的卡通漫画，文字通俗浅显，使得小读者们能轻松愉悦地获取知识。

第三，内容具有北京地方特色。我国幅员辽阔，东西南北气候各异，本书以北京特有天气为切入点，不仅包括气象学科的一些基本知识，同时着重介绍了北京的气候特点及大风、暴雨、寒潮、沙尘、雾、霾、强对流等高影响天气的具体情况及防御性参考建议。

衷心希望这部凝聚着北京市气象工作者心血的小书能够为青少年普及气象科学知识发挥作用，实现培养和提升孩子们防灾减灾意识和能力的目的。

是为序。

北京市气象局局长

姚学祥

前言

编写本书的想法源于2013年的雾和霾天气。2013年10月4日起，北京的空气质量急转直下，持续性雾和霾天气笼罩京城。10月9日，北京市气象局官方微博以图文并茂的形式介绍了北京地形对雾和霾的影响，阅读量达223万次，评论及转发总计2000余次，为历史之最。

这体现了以图文结合的方式传播气象知识的简洁性和直观性，同时也反映了公众对气象关注的热情，以及气象科普的缺失。

由于天气直接影响着人们的工作和生活，大家对气象的关注度越来越高，“霾”“$PM_{2.5}$”等名词进入公众视野，但我们却很无奈地发现，在“引力波”已成为科普内容的2016年，很多气象科普知识并没有与时俱进，内容及数据陈旧，形式上也同“人民群众喜闻乐见”的需求相差甚远。

用易于理解的漫画形式科普北京地区最新的气象知识就是本书的出发点。全书共分为八个章节，包含90个知识点，内容梗概如下：

第一章为基础知识。主要介绍公众关心的热点天气问题，对公众常提出的“天气和气候有什么差异”“为什么冬天多静电”“天空为何是蓝色”等涉及气象基础知识的问题进行解答，共包含12个知识点。

第二章和第三章主要介绍北京的气候和各季节的天气，着重讨论北京的气候及高影响天气的特征、成因、缘由、影响等重要知识。两章合计25个知识点。

第四章主要介绍环境气象。随着雾和霾天气频发，越来越多的人关注环境气象。本章以此为切入点，从气象学角度解释雾、霾和沙尘，并说明为何雾和霾天气秋冬季多发，共包含 8 个知识点。

气象条件会影响人体健康，气象与健康的一系列问题我们将在第五章进行介绍，本章共包含 5 个知识点。

2022 年冬奥会花落北京，其实，运动健儿们的发挥有时也会受到气象条件的影响。第六章将重点介绍气象条件对体育活动的影响，本章共包含 7 个知识点。

2016 年 11 月 30 日，联合国教科文组织保护非物质文化遗产政府间委员会第十一届常会上，经过评审正式通过决议，将中国申报的“二十四节气——中国人通过观察太阳周年运动而形成的时间知识体系及其实践”列入联合国教科文组织人类非物质文化遗产代表作。作为中华民族的宝贵文化遗产，二十四节气是黄河流域的劳动人民务农耕作数千年而形成的智慧结晶，同气象联系紧密，包含了大量的气象知识。因此，第七章将着重介绍节气及相关气象知识，共包含 25 个知识点，每个节气同时附上相关诗词，在了解气象知识的同时亦可增进文学修养。

第八章是天气趣谈，本章将会介绍一些有趣的天气知识，共包含 8 个知识点。

由于科技发展十分迅速，本书所参考的部分理论，也许在出版时就已被推翻。如您发现本书中有些知识同最新的研究成果相悖、有些数据同最新结论不符时，请以最新的权威结果为准。如果本书可以吸引各位读者去了解最前沿、最权威的气象理论，实乃作者之幸。

由于作者水平有限，书中难免存在瑕疵，敬请读者批评指正。

目录

序

前言

001 第一章　基础知识

1.1 天气与气候的区别 /002
1.2 天空为何是蓝色 /004
1.3 天空为何不是紫色 /006
1.4 什么是“农业干旱” /008
1.5 臭氧有益还是有害 /010
1.6 为何“高处不胜寒” /012
1.7 北京的“热岛效应”有何特点 /014
1.8 为何“湖边好乘凉” /016
1.9 白云和乌云的区别 /018
1.10 为何冬天多静电 /020
1.11 雨是从多高的地方落下来的 /022
1.12 为何楼层越高风越大 /024

027 第二章　北京的气候和常见天气

2.1 北京四季的气候特点是怎样的 /028
2.2 北京的风是怎样的 /030
2.3 什么是北京的“山谷风” /032
2.4 大风灾害与避险指南 /034
2.5 北京的暴雨有何特点 /036

2.6 北京典型的暴雨有哪几种 / 038
2.7 北京暴雨的“开关”从何而来 / 040
2.8 北京地形对降水的影响 / 042
2.9 影响北京的沙尘天气 / 044

047 第三章 北京各季节的天气

3.1 春天为何适宜放风筝 / 048
3.2 北京的倒春寒 / 050
3.3 对流性天气产生的条件 / 052
3.4 雷雨为何难预测 / 054
3.5 如何识别雷达图 / 056
3.6 东北冷涡和北京雷雨的关系 / 058
3.7 什么是“三伏天” / 060
3.8 什么是紫外线 / 062
3.9 夏季的紫外线最强吗 / 064
3.10 紫外线可怕吗 / 066
3.11 北京的“秋老虎”凶猛吗 / 068
3.12 北京为何“金秋苦短” / 070
3.13 北京元旦天气之“最” / 072
3.14 你知道北京的“回流降雪”吗 / 074
3.15 为何夏季有冰雹而冬季飘雪 / 076
3.16 降雪量和积雪深度的区别 / 078

081 第四章 环境气象

4.1 霾的成因 / 082
4.2 雾的成因 / 084
4.3 如何区分雾和霾 / 086
4.4 霾和沙尘暴的区别 / 088
4.5 霾和空气质量 / 090

4.6 雾和霾为何秋冬季多发 / 092
4.7 什么是“团雾” / 094
4.8 “负离子”是什么 / 096

099 第五章 气象与健康

5.1 $PM_{2.5}$ 对健康有何影响 / 100
5.2 春秋季为何过敏性鼻炎高发 / 102
5.3 气温和体感温度的差别 / 104
5.4 人为什么会有高原反应 / 106
5.5 气候变暖会加剧传染病的暴发吗 / 108

111 第六章 气象与体育

6.1 气温对田径比赛有何影响 / 112
6.2 风在田径比赛中起了什么作用 / 114
6.3 逆风也有利于投标枪 / 116
6.4 降雨对体育比赛的影响 / 118
6.5 湿度对体育比赛的影响 / 120
6.6 气压对体育比赛的影响 / 122
6.7 雾和霾对体育比赛的影响 / 124

127 第七章 二十四节气

7.1 什么是二十四节气 / 128
7.2 立春 / 132
7.3 雨水 / 134
7.4 惊蛰 / 136
7.5 春分 / 138
7.6 清明 / 140
7.7 谷雨 / 142

7.8 立夏 / 144
7.9 小满 / 146
7.10 芒种 / 148
7.11 夏至 / 150
7.12 小暑 / 152
7.13 大暑 / 154
7.14 立秋 / 156
7.15 处暑 / 158
7.16 白露 / 160
7.17 秋分 / 162
7.18 寒露 / 164
7.19 霜降 / 166
7.20 立冬 / 168
7.21 小雪 / 170
7.22 大雪 / 172
7.23 冬至 / 174
7.24 小寒 / 176
7.25 大寒 / 178

181 第八章 天气趣谈

8.1 你认识这些字吗 / 182
8.2 云有多少种 / 184
8.3 气象条件如何影响花粉传播 / 186
8.4 霜叶为何红于二月花 / 188
8.5 气象条件如何影响植物开花 / 190
8.6 “朝霞不出门，晚霞行千里”的说法准确吗 / 192
8.7 “霓”“虹”“晕”“华”的区别 / 194
8.8 天气预报中有哪些术语 / 196

198 参考文献 / 198

第一章

基础知识

1.1 天气与气候的区别

说到天气与气候，很多人不清楚它们的含义和区别，认为都差不多，反正说的都是天气呗。其实，天气分气候有很大的区别，相互之间又有着密切的联系。

天气是指一定区域范围，短时间内的大气状态（如冷暖、风雨、干湿、阴晴等）及其变化的总称。我们可以说“今天天气很好，风和日丽，晴空万里”“昨天天气很差，风雨交加”等等。还有一些描述天气的诗句，例如，“忽如一夜春风来，千树万树梨花开”“夜来风雨声，花落知多少”。在天气预报中，描述天气会这样说：“在未来 24 小时内，本地区将有 6～7 级偏北风，气温下降 6～8 ℃。”大气中发生的各种物理过程的综合结果即为天气现象，它是大气物理状态的反映，如雨、雪、大风、沙尘暴、霾等。

气候是指整个地球或其中某个地区某段时期内的天气状况的综合表现。它是长时间内气象要素和天气现象的平均或统计状态，时间尺度为月、季、年、数年到数百年以上。例如，北京的气候特点是四季分明，夏季炎热多雨，冬季寒冷干燥；而昆明的气候特点是四季如春。还有一些描述气候的诗句，例如，“黄梅时节家家雨，青草池塘处处蛙”，写的就是长江中下游地区的梅雨期。

2

天气：某地短时间内的天气变化。时间短，变化快

气候：某地多年天气的平均状况。时间长，相对稳定

3

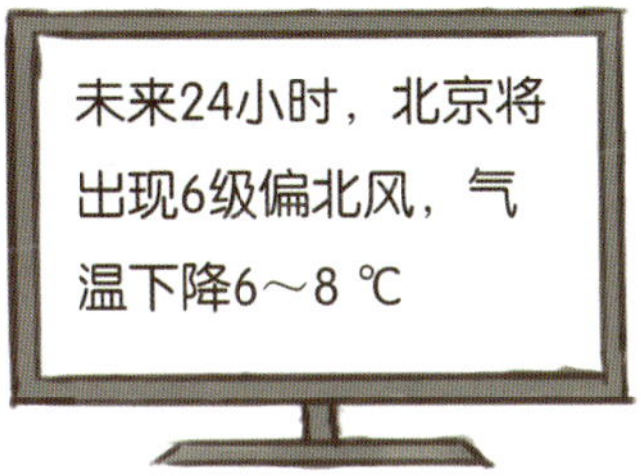

天气

北京的气候

4

一些诗句是这样描述的

忽如一夜春风来，千树万树梨花开。
（表示冷锋过境时先刮风后下雪的天气）

黄梅时节家家雨，青草池塘处处蛙。
（长江中下游地区的梅雨期）

1.2 天空为何是蓝色

天空为何是蓝色？这是一个看似简单却十分复杂的问题，牛顿、爱因斯坦两位奠定物理学基础的巨匠均对这个问题做出了解释。现在就让我们站在巨人的肩膀上，详细解答一下这个问题。

首先要回答的是：天空为何不是白色？

地球所有的光和热均来自于太阳，那么，太阳是什么颜色的呢？或许有人会说是红色——傍晚前后看上去确实是这样，但如果在宇宙中看（真空环境无干扰），我们看到的太阳其实是白色的。那么，既然空气本身是无色透明的，我们看到的太阳又是白色，为何天空却是蓝色而不是白色呢？

1666 年，牛顿做了著名的色散实验，利用三棱镜对太阳光（白光）进行分解，发现白光是由红、橙、黄、绿、蓝、靛、紫七种单色光组成的。而单色光的波长并不相同：红光波长最长，紫光波长最短。

波长对光波的传播有什么影响呢？请想象一下流速相同的两条河流，一条宽阔，一条狭窄。如果遇见同样大小的一块礁石，狭窄的河流很容易溅起水花，而宽阔的河流受到的影响较小，如果礁石不够大，甚至有可能出现“波澜不惊”的情况。

与之相似，光在传播路径上遇见了“小礁石”也会向周围“溅开”，科学名词为“瑞利散射”。

阳光在大气中传播也会遇见“小礁石”吗？是的！1910 年，爱因斯坦利用当时最新的熵理论计算后发现：空气中无规则运动的各种分子，甚至大气由于自身运动而产生的密度差异都会成为光在传播途中的“小礁石”。波长越短的波（蓝光、紫光）越容易被散射，而波长越长的波（红光）则受到的影响越小，更容易直接抵达地面。

当短波长的光波被散射后，“礁石”周围也会有相同颜色的光波。同时，由于大气中“礁石”密布，因此，原本透明的大气表现出散射后光波的颜色，即最易被散射的光波的颜色，也就是蓝色。

说到这里，想必会有朋友提出疑问：紫光的波长比蓝光更短，为何天空的颜色不紫色呢？这个问题我们将在下一节进行回答。

阳光是白色的，那么“北京蓝”是怎么回事呢？

“北京蓝”

1

2

宇宙中的阳光

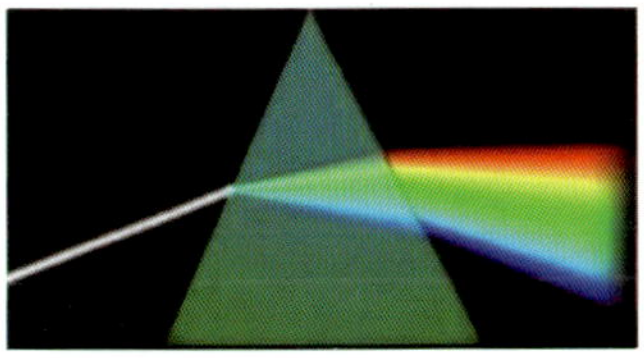

“阳光”是白色的，而白光是由多种单色光组成的

3

红橙黄绿蓝靛紫的波长并不相同

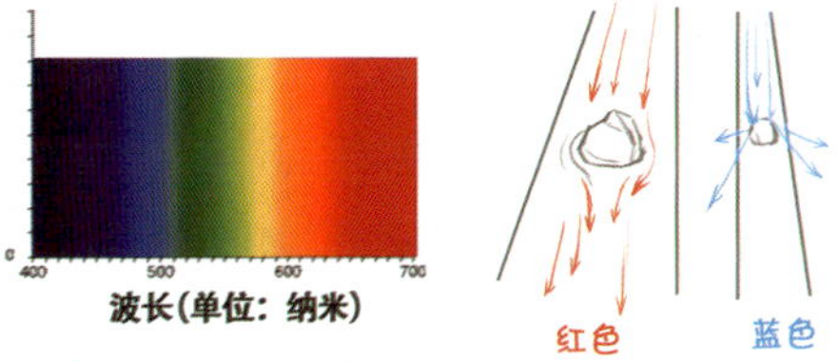

波长越长，越不容易被散射；波长越短，越容易被散射

4

空气中的各种分子甚至大气运动产生的密度差异都可以散射太阳光，而蓝光波长较短，“北京蓝”就形成了

1.3 天空为何不是紫色

我们在上一节内容中讨论了“天空为何是蓝色”这个问题的第一问——天空为何不是白色。肯定有朋友会发出疑问：紫光的波长比蓝光短，为何天空不是紫色呢？

“红橙黄绿蓝靛紫”的说法，同样来源于伟大的科学家牛顿。他在1704年绘制了“色环”，其中，各种单色光对应的英文单词分别为：red（红）、orange（橙）、yellow（黄）、green（绿）、blue（蓝）、indigo（靛）和violet（紫）。

这里想必大家都注意到了，光谱中的“紫色（violet）”并不是日常生活中的“紫色（purple）”，而是“紫罗兰色”，是一种很深的蓝色。

上一节中介绍过，复色光被散射后会分解为单色光，那么“紫色光（purple）”是单色光么？答案是否定的。日常生活中的“紫色（purple）”是由蓝色和红色合并得到的。而可见光谱中，红色和蓝色分别在光谱的两端，二者并无相交的部分。因此，阳光（复色光）经过散射后，是不可能出现紫色光（purple）这样的复色光的。

另一方面，人眼的视锥细胞能感知三种颜色——红、蓝、绿，即“三原色”。当人仰望天空时，由于大气对光波的散射作用，感知红、绿的视锥细胞受到的刺激远小于感知蓝色的视锥细胞。出于环境及生存本能（如远古时期避开空中的天敌），人类的视觉被调整为一个纯粹的色调，即蓝色。

同时，如果可见光中没有靛色（indigo）和紫色（violet），人眼看见的天空也将不再是现在的蓝色，而将会是带有轻微绿色调的“蓝绿色”。

这就是为何天空不是紫色的原因：可见光光谱中的紫色并不是日常所说的紫色，而是一种深邃的蓝色。同时，人类在千万年的进化中，视觉被调整为一个纯粹的色调，即蓝色。

紫光波长更短，天空为何不是紫色？

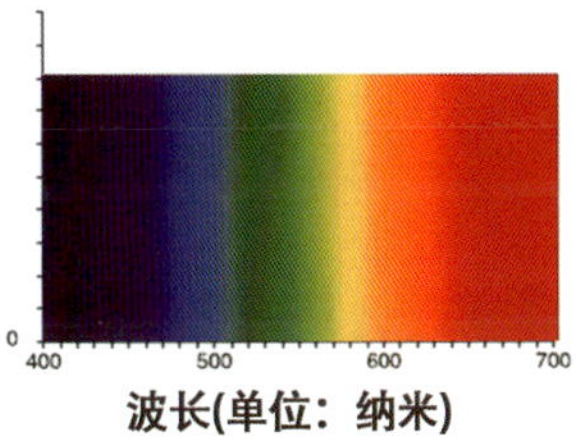

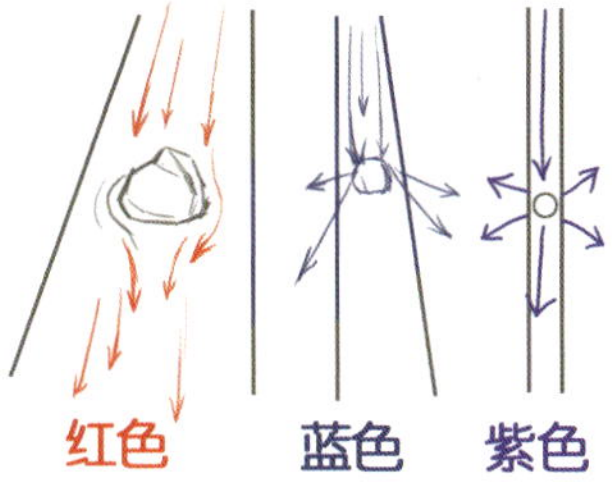

1

紫光（purple）是复色光，由红光 + 蓝光组成

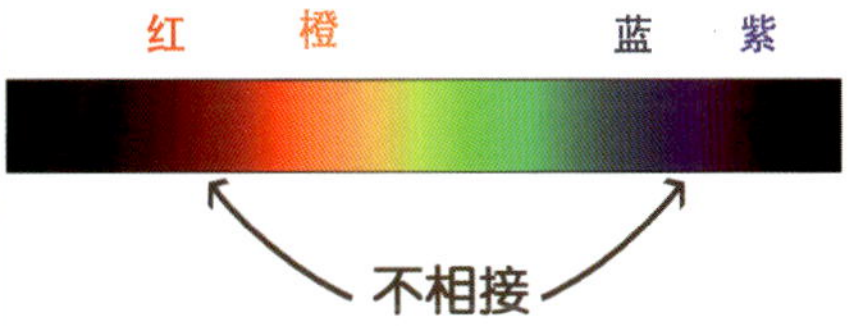

光谱里，红光和蓝光并无交界的部分

3

2

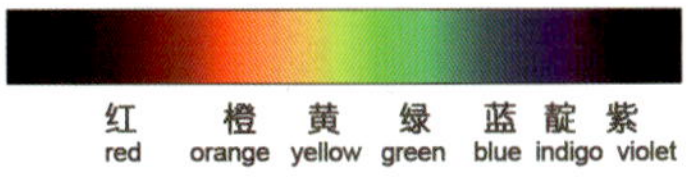

光谱中的“紫”不是“紫色（purple）”，而是“紫罗兰色（violet）”，很深的蓝色

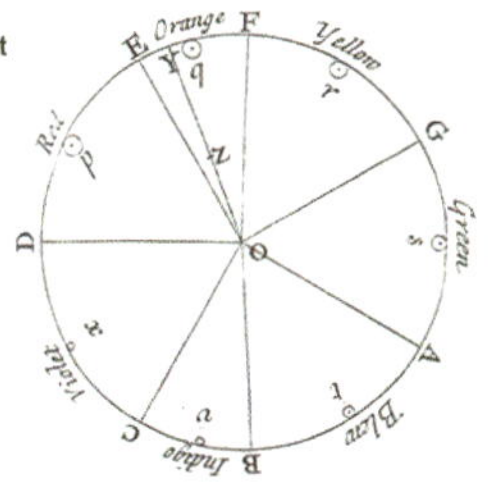

1704 年牛顿绘制的“色环”

4

如果没有“靛光（indigo）”“紫光（violet）”，我们的天空看起来将会是蓝色中有些轻微的绿色调

1.4 什么是“农业干旱”

在了解农业干旱前，我们先讲一下气象干旱。气象干旱也称大气干旱，是指某时段内，由于蒸发量和降水量的收支不平衡，水分支出大于水分收入而造成的水分短缺现象。气象干旱主要以降水的短缺作为指标。

而农业干旱的发生是一个复杂的过程。农作物在长期无雨或少雨的情况下，由于蒸发强烈，土壤水分亏缺，又得不到适宜的灌溉，体内水分平衡被破坏，正常生理活动受到影响，导致减产。因此，分析农业干旱时通常要从农作物和水分两个方面考虑。

农业干旱的发生程度除了受降水、气温等气象因素影响外，还与土壤性质、种植制度、作物种类及生育周期有关。当然，如果发生气象干旱后，对农作物进行及时灌溉，或采取有利的水利措施，保证农作物对水分的需求，农业干旱就不会形成。因此，农业干旱通常滞后于气象干旱，在出现降水或土壤水分得到缓解后，农业干旱的解除早于气象干旱。

春旱往往造成早稻缺水耕田，不能适时播种、插秧，使春种作物缺苗断垄，影响春收作物后期的正常生长，延迟果树的发芽时间和影响发育等。夏旱影响夏种作物的出苗和生长，影响早稻和春玉米正常灌浆及晚稻的移栽成活。秋旱会影响晚稻和其他秋收作物的生长发育和产量形成。冬旱影响冬种作物播种、出苗及其生长发育。干旱轻则影响农作物正常生长发育，重则导致农作物死亡，使农作物减产或失收。

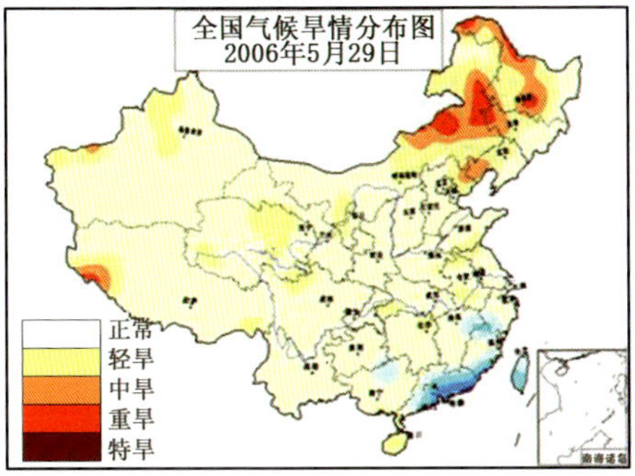

内蒙古及华北一带出现了气象干旱

1

农业干旱会造成土壤龟裂，植物受损，导致农作物减产

2

一般意义的干旱（气象干旱）：

水分收入 < 水分支出

3

4

两者关系：先发生气象干旱

（持续干旱）↓（无法缓解）

农业干旱

1.5 臭氧有益还是有害

臭氧，很多朋友的第一印象是“地球的保护伞”“抵挡紫外线”等，但近些年伴随着空气污染事件的增多，臭氧似乎又变成了危害人体健康的大气污染物。那么，臭氧究竟是有益还是有害呢?

关于这个问题，这里套用一句形容入侵物种的名句：没有有害的物种，只有出现在错误地点的物种。臭氧也一样：在平流层里是地球的保护伞，但在近地面就是大气污染物。有益或是有害，取决于它所处的位置。

这里把“臭氧保护伞”的作用再简单介绍一下：阳光中的紫外辐射由于波长很短，又有很高的能量，大量直射人体皮肤会引起很多皮肤疾病。虽然能量仅占太阳辐射能的 5%，但会对整个地球生态系统带来极大危害。而大量分布于平流层的臭氧分子可以很好地吸收紫外线，充当地球的“保护伞”。

但是，一旦臭氧出现在地表附近，它所扮演的角色就会发生转变：由于臭氧具有强氧化性，人体大量吸入后会损害呼吸道、引起神经中毒等一系列疾病。而且不仅是人类，农作物也会因为臭氧的强氧化性而受损、减产。环保部门已将地表臭氧含量纳入衡量空气污染程度的指标之一，同细颗粒物（$PM_{2.5}$）、可吸入颗粒物（PM_{10}）、二氧化硫（SO_2）、二氧化氮（NO_2）、一氧化碳（CO）一同构成了评介空气质量的主要污染物。

那么，北京城区近地层的臭氧处于怎样的状态呢？科学家研究发现，北京城区近地面的臭氧浓度具有很强的季节性：夏季浓度大约是冬季的两倍，而一天之中臭氧浓度也是在午后 2—4 时出现峰值，早晨六七点钟最低。出现这一现象的原因很简单，臭氧的生成需要光照，夏季光照强于冬季，午后光照在一天中最强，自然臭氧浓度高。

最后需要说明的是，平流层中的臭氧很难直接“跑到”地表，近地面臭氧的主要来源依然是人类活动排放的各类废气。尤其是化石燃料燃烧释放的氮氧化物，通过光化学反应会产生大量臭氧，这才是地表“坏臭氧”的主要来源。保护环境是每个人的责任，低碳环保的生活也是每个人都能做到的工作。

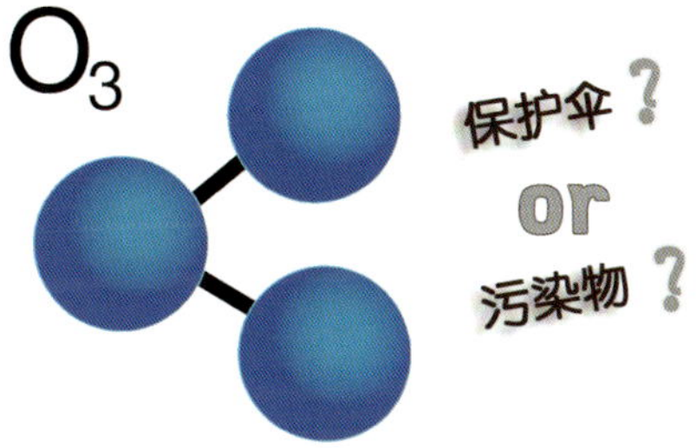

臭氧

1

2

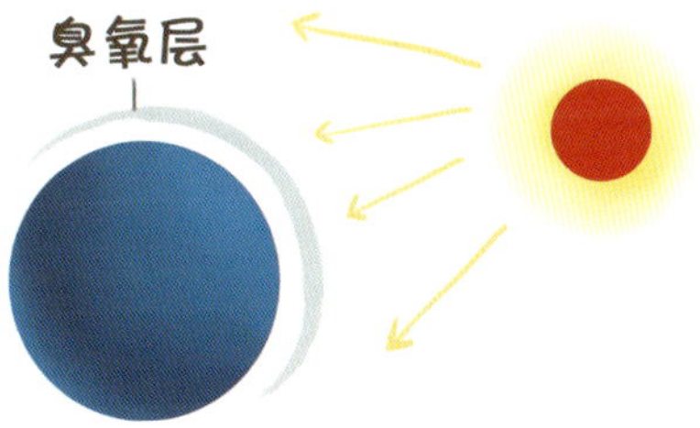

平流层中的臭氧吸收紫外线，是地球上生物的保护伞

3

地面附近大气中的臭氧则是主要的大气污染物

4

汽车排放的氮氧化物通过光化学反应会生成臭氧

1.6 为何“高处不胜寒”

苏轼在《水调歌头·丙辰中秋》这首词中写道：“又恐琼楼玉宇，高处不胜寒”。“高处不胜寒”也是气象学中的一个现象：一般情况下，对流层（地球大气层靠近地面的一层）中的气温随高度的增加而降低。最直观的感受就是珠穆朗玛峰之类的高峰，山顶都是终年不化的积雪。对北京来说，就表现为佛爷顶、灵山等山区的气温比城区要低上不少。

不知道有没有朋友产生这样的疑惑：明明山越高，距离太阳越近，怎么反倒气温越低了？

没错，确实山越高，距离太阳越近。但是山的高度和太阳到地球的距离比起来，根本不值一提。世界第一高峰珠穆朗玛峰(简称“珠峰”)的高度不到9000米，而日地距离呢？大约1.5亿千米，也就是说，珠峰高度不足日地距离的1600万分之一。更形象一点说，如果把这本书的宽度当作日地距离，那么，人类的肉眼是无法看见珠峰的。也就是说，“高”出来的距离，对太阳辐射的吸收影响可以忽略。

那么，大气层究竟可以吸收多少太阳辐射呢？答案是不到20%。如果您觉得这个数字低得不正常，那么请回想一下，夏天最热的时候，气温可以到多少摄氏度呢？一般不会超过40 ℃。但是地表温度可以到多少呢？柏油马路经过太阳直射，路面温度可以轻松突破70 ℃！具体来说，太阳辐射仅有19%被大气吸收了，而地表吸收了47%，剩余的34%则被大气和地表反射回了太空。

相信说到这里，朋友们也都清楚为什么“高处不胜寒”了。从某种程度上来说，对流层内的大气其实是被地表给“烤热”的。由于对流层大气中水汽和二氧化碳含量较多，它们对太阳短波辐射的吸收效果很差，但对地表发出的长波辐射（红外辐射）却有很好的吸收效果：95%的地表长波辐射都被大气给吸收了。那么很自然地，距离地表越远，吸收的长波辐射也越少，自然气温越低。

为什么山越高，距离太阳越近，气温反而越低呢？

1

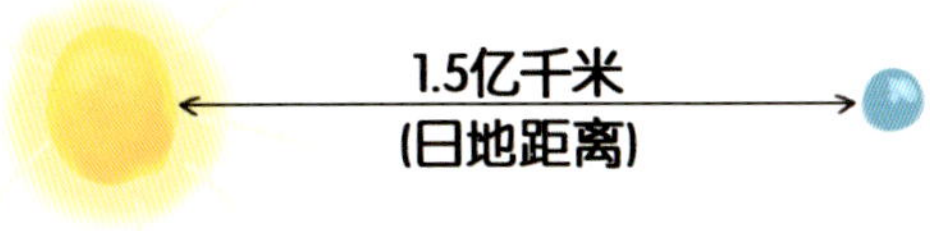

珠峰高度不到9千米，和日地距离相比较几乎可以忽略

气温随高度的变化与太阳辐射关系较小

2

3

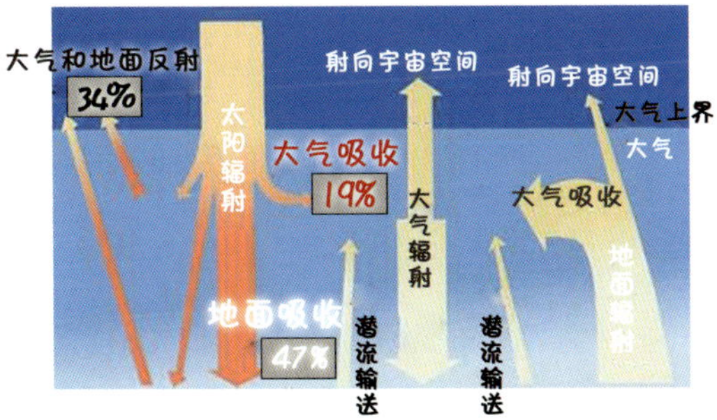

太阳辐射只有不到两成被大气吸收了

4

水汽和二氧化碳可以很好地吸收地表发出的长波辐射

1.7 北京的“热岛效应”有何特点

相信大家对“热岛效应”一词已经很熟悉了：由于城市建筑群密集，柏油路面比郊区的土壤、植被具有更大的吸热率和更小的比热容，使得城市地区升温较快，并向四周和大气中大量辐射，造成了同一时间城区气温普遍高于周围的郊区气温。这一现象就是热岛效应。北京作为超大城市，热岛效应明显吗？热岛效应对北京的天气又有何影响吗？这里向各位朋友做一个简短的介绍。

在 20 世纪 70 年代，北京城区就形成了明显的热岛，城郊区气温可相差 2 ℃以上。但是，当时的“热岛”只有一个，就在城区中心。随着时代的发展，北京“热岛”的数量也在增加，而且在逐步向远郊地区扩大。气象学家研究发现，昌平区和通州区也已经形成了新的“热岛”。

那么，什么时候热岛效应最强呢？对北京而言，秋冬季热岛效应最强，春季次之，夏季最弱。而一天之中，通常清晨热岛效应最强，中午减弱，到了夜间又再次加强。出现这一现象的原因很简单：热岛效应是人为原因造成的，在夏季气温很高的情况下，人为原因的影响相对较小；一天之中，清晨为出行早高峰，城区人口密集，人流量大，自然热岛效应强。中午气温升高，人为影响降低。到了夜间，郊区降温迅速而城区降温缓慢。

那么，热岛效应对北京的气候究竟有何影响呢？最直接的影响就是城区高温日增多。如果你觉得北京的夏天越来越热，没错，事实确实如此。其次，当夏季暴雨来袭时，热岛效应使得上升气流增强，同时热岛地区高大建筑物更为密集，增加了地表粗糙度，增强了乱流扰动，最终使得暴雨强度增强。最后，热岛效应还会使各类大气污染物在热岛地区堆积，造成大气污染，对健康产生不利影响。热岛效应确实会增加城市的自然灾害风险。

如何降低热岛效应呢？保护现有水体、加强绿化、减少尾气排放等工作都可降低热岛效应。保护环境，人人有责。

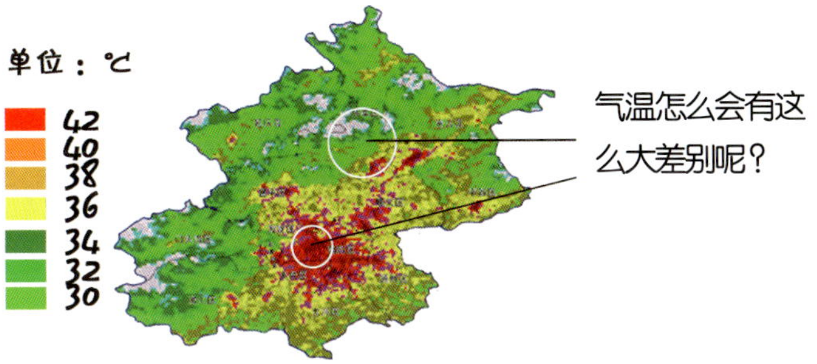

1

2

特征：多中心

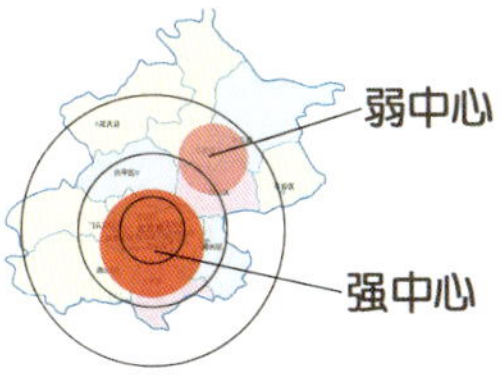

四季中秋冬季最强，春季次之，夏季最弱
一天中清晨最强，中午减弱，夜间又加强

3

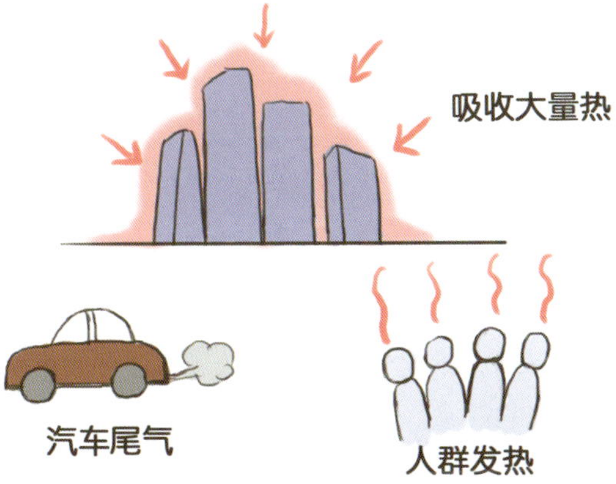

4

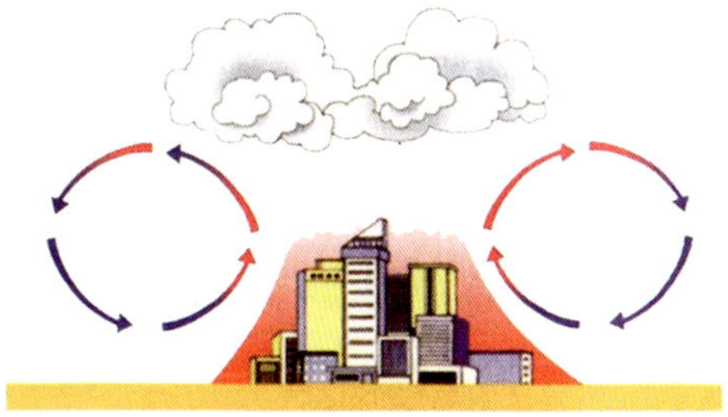

热岛效应有利于废气和有害化学气体向城区堆积，　对健康不利

1.8 为何“湖边好乘凉”

夏季，北京昆明湖、北海、玉渊潭等有水的景点就成了人们乘凉避暑的上佳选择，湖边惬意的小风似乎让整个夏天的气温都降了下来。那么，为什么“湖边好乘凉”呢？

其实不仅仅是湖边，几乎所有的水体都有温度调节作用，差别只是在于作用的大小。科学家研究发现，2 千米^{2}的水体（大约昆明湖那么大）可以使距湖面 1 千米范围内的气温下降 0.6 ℃，风速增加 0.1～0.2 米/秒。

说到这里，其实很多朋友已经知道了，水体可以降低周围气温，增加风速，使人体感觉凉爽。那么，为什么水体有这样的功能呢？

首先，水体对太阳辐射的吸收率高于一般的陆面，所以更多的太阳辐射能被储存在水体之中而非散发到周围的空气中。不仅如此，由于水的比热又远高于草木、沙石等陆面上的物质，即便吸收了更多的太阳能，但水体的温度依然上升缓慢。

人们在生活中对冷热的感受主要来自气温的高低，而气温的高低则很大程度上取决于地表的性质，不同的地表比热差异很大。水的比热非常高，大约是沥青（柏油马路的铺路材料）的 3 倍，这意味着，如果升高 1 ℃，水体需要太阳直接照射的时间差不多是沥青所需时间的 3 倍！这样一来，水体就可以吸收更多的辐射能，自身温度的升高也需要更多的热量，自然比其他地表（沙土、沥青等）温度低。

水体温度降低后，水面上的气温也自然会降低，但周围地表上空的气温仍相对较高。当相邻的空气团温度存在差异时，空气便更容易流动起来，因此，水体及周围的风速也会增大，更利于水体的蒸发，进而消耗更多的热量。

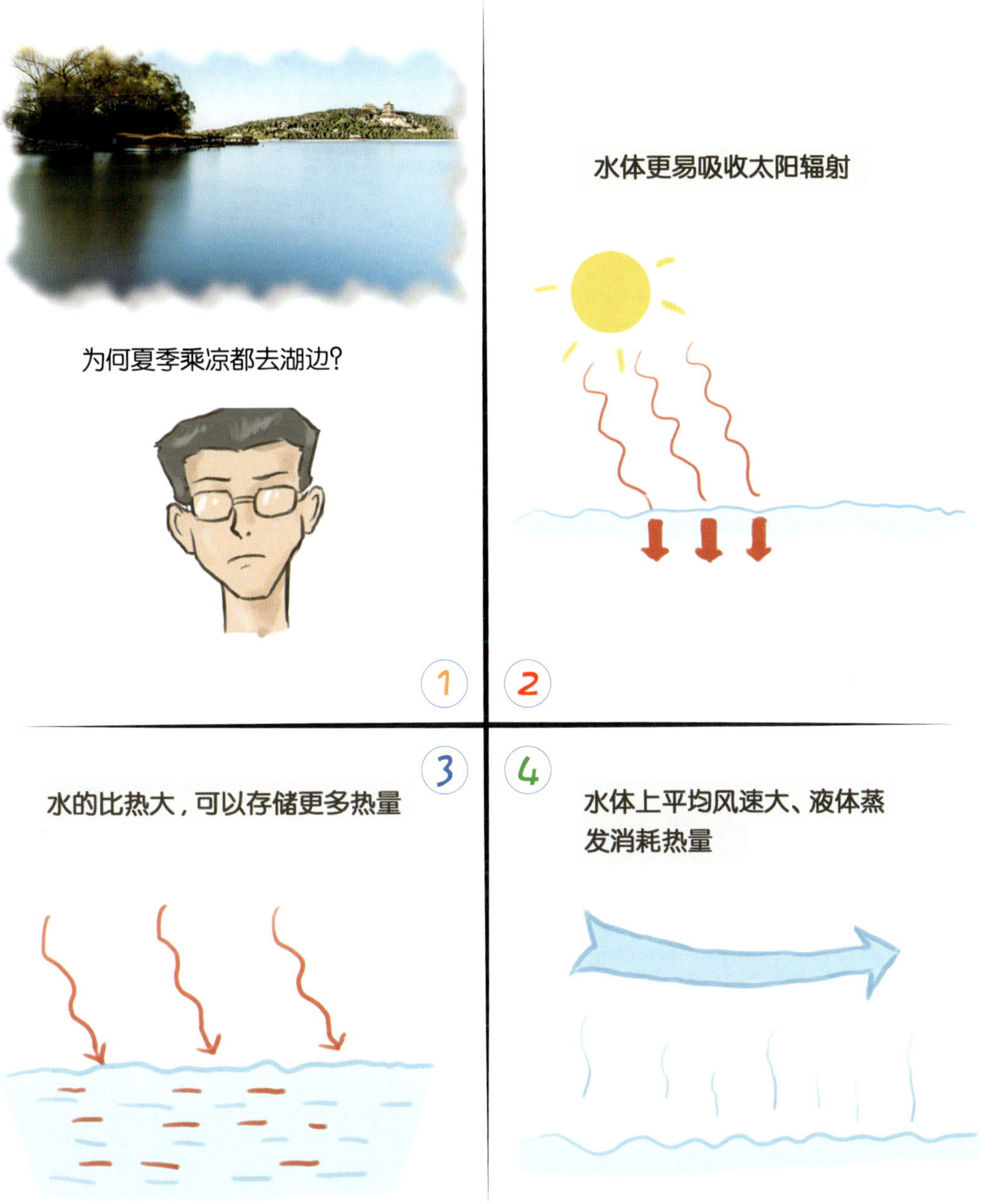
为何夏季乘凉都去湖边?
1
水体更易吸收太阳辐射
2
3
水的比热大，可以存储更多热量
4
水体上平均风速大、液体蒸发消耗热量

1.9 白云和乌云的区别

“蓝天白云”“乌云压顶”是形容晴好天气和降雨来临前的常用语。那么，为什么有的云白得像羽毛一样，有的云却黑得像墨呢？

我们都知道，云是由云滴组成的，云滴就是液态或者固态的水，水本身是无色透明的，但阳光照射云层发生散射，就使云团具有了颜色。由于云滴的体积比空气中各种气体分子大得多，阳光并不会被分解为单色光，因此云团就保持了阳光的颜色——白色。

那么，为什么又会有黑色的乌云呢？其实，黑色并不是一种颜色，而指的是视觉范围内没有任何可见光。如果云层很薄（如纤羽状的卷云），阳光几乎可以完全透射云层，云体自然呈现为白色。可一旦云层很厚（如积雨云），阳光无法穿透云层，站在云下向上看，视觉范围内几乎没有可见光，自然便是黑色，天空中的云也就是乌云。

此外，由于太阳照射云的角度不同，同一块云朵，颜色也会呈现出深浅的变化。通常来说，云体中越接近阳光照射的部分，颜色越亮白，反之则越灰暗。如果我们乘坐飞机在云层上方向下看的话，会很轻易地发现，云体向阳面基本都是白色，而背阳面的颜色则晦暗很多。

综上所述，白云或是乌云既取决于云层厚度（瘦瘦的卷云大多是白云，胖胖的积雨云基本是乌云），也同云本身所处的光照条件有关，接收到的阳光越多，云体就越白，反之则越灰暗。

1

云体越厚颜色越暗

胖胖的积雨云

瘦瘦的卷云

2

3

阳光照射云层发生散射，背阳面颜色晦暗

4

乘坐飞机在云层上方向下看更明显

1.10 为何冬天多静电

每到冬天，静电就成为一个不时出现的小麻烦。伴随着“啪”的一声响，指尖或是别的地方就是灼烧一般地疼。那么，为什么冬天静电多呢？相信很多朋友会不假思索地说“冬天干燥”。可为什么干燥就更容易产生静电呢？

我们首先回想一个最简单的物理实验：一把塑料尺沿着一个方向摩擦丝绸，要不了几次这把尺子就可以吸附上碎纸片。塑料和丝绸都是绝缘体，但是经过反复摩擦，塑料却带上了静电。这个简单的物理实验对静电产生的原理进行了很好的解释：通过接触，电子从一个物体的表面移动到另一个物体的表面。如果这两个物体都是绝缘体，那么电荷便在物体表面累积下来。一旦接触了导体，电荷就会中和，静电冲击就产生了。

那么，为什么越干燥越容易产生静电呢？这里我们引用最新的研究结果来说明相对湿度对绝缘体表面累积电荷的影响：科学家用绝缘材料进行试验，发现当大气相对湿度由 90% 降低到 20% 时，进行同样的摩擦可以让绝缘体表面多累积 20% 的电荷！也就是说，大气相对湿度越低，绝缘体表面越容易积累电荷。人体本身是导体，但我们穿着的衣物，尤其是橡胶底的鞋子，让人体变成了一个绝缘体，而干燥的空气本身就可以看作是绝缘体，人体活动，甚至空气流动都会产生一次次的“摩擦”，在人体表面累积下电荷，当触碰金属等导体时，电荷中和产生静电冲击。

上一段话说明了干燥空气更容易形成静电的两个原因：相对湿度越低，电荷越容易在绝缘体表面累积，空气本身的导电性也越差。此外，干燥空气对于形成静电还有第三点“助力”：空气相对湿度越低，水汽含量越低，绝缘体表面的水分子越少。发生摩擦后，更容易产生净电荷分布。举个最简单的例子，夏天梳头，可能头发梳理完毕都不会发生“梳子粘头发”的现象，而冬天没梳几下，头发就会被梳子吸起来，这就是相对湿度低产生的助力。

冬天多静电确实是由于天气干燥引起的，而其中的具体科学原理却很复杂，这里只进行了简单介绍，有兴趣的朋友可以查阅相关文献了解更多的知识。

1

为何冬季总有静电呢?

2

冬天干燥

相对湿度越低，电荷越容易在绝缘体表面累积

3

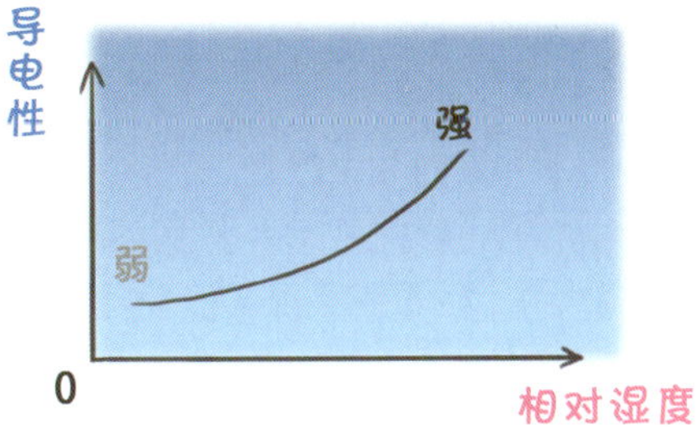

空气越干燥，导电能力越弱

4

相对湿度越低，物体表面水分子越少，物体摩擦时越容易产生净电荷

1.11 雨是从多高的地方落下来的

下雨是十分常见的天气现象，相信所有的朋友都有这样的疑问：雨滴究竟是从多高的地方落下来的呢？在回答这个问题之前，我们先说一个与之相关的现象：夏天的雷雨，雨滴大，下落速度快，打在雨伞上啪啪作响；而春天的绵绵细雨则是“润物细无声”。很明显，这样两种雨滴肯定是从不同高度落下的，原因很简单：不同的云带来的降雨差别是很大的，而不同云的云底高度也是不同的。所以，“雨从多高落下”其实问的是“各类云的云底高度有多高”。

常见的能下雨的云有积雨云、雨层云、高层云等，这里我们简单介绍这些云带来的降雨是怎样的。

积雨云，夏天最常见的能下雨的云，云体由于强烈的上升气流可以发展到10余千米的高度。积雨云的云底高度很低，一般在400～1000米。也就是说，积雨云的雨滴是从1000米以下的高度落下的。由于积雨云中对流运动旺盛，因此，雨滴大而密，降雨强度很大。不仅如此，冰雹这样的高危害性固态降水也是在积雨云中生成的。

雨层云，云层厚而均匀，影响范围广，可以布满全天。不同于积雨云，雨层云的降雨比较“温和”，强度不大，但持续时间较长。如果出现连续的阴雨天气，通常就是雨层云带来的。雨层云的云底高度一般在600～2000米，比积雨云要高。

高层云，灰白色或灰色。同雨层云类似，它也可以影响很大的区域，在天空可延展几百甚至几千千米。高层云降雨的强度也不大，同雨层云不同是，高层云有时会出现间歇性降雨。高层云云底高度一般在2500～4000米，比雨层云要高。

最后要说的是，雨层云和高层云不仅可以下雨，冬季也可以带来降雪。上述三类能下雨的云都是可以带来固态降水的，但积雨云带来的一般是冰雹，而另外两种云则有可能带来降雪。至于冰雹和雪的区别，我们将在第三章中进行介绍。

1

积雨云

积雨云常带来雷阵雨、冰雹等强对流天气，云底高度400～1000米

2

雨层云

3

雨层云常带来持续性降雨，云底高度600～2000米

高层云

4

高层云云底高度2500～4000米，连续性或间歇性的雨、雪都有可能发生

1.12 为何楼层越高风越大

相信住在高楼层的朋友一定有这样的感觉：明明在楼下感觉没什么风，一旦到了楼上，却听到呼呼作响的风声，风大的时候甚至让人无法开窗户。那么，为什么楼层越高，风越大呢？

我们都知道，风是由空气运动而产生的。空气运动也会受到各式各样的阻力，其中地表的摩擦就是一种重要阻力。各类建筑、树木等物体均会阻碍空气的流动。就像田径比赛中的百米赛跑和障碍赛，遇到的障碍越多，速度越慢。“万丈高楼平地起”，越接近地面，障碍物越多，空气在运动中遇到的阻碍越多，风速自然越小。

那么接下来我们会问：地面的障碍物对风速有多大的影响呢？在气象学上有一个专门的概念来衡量地表对空气运动的阻碍作用，叫作地表粗糙度，这个值是不固定的，而且在一般情况下只能进行估算。对于北京这样的大都市而言，粗糙度一般取值为 0.3。这是个什么概念呢？假如 10 米高度处观测到的风速是 3米/秒（2 级风），那么，70 米高度处（25 层楼）的风速大约有 5.4米/秒，达到 3 级风的水平。而那些 300 多米高的建筑楼顶，平均风力将达到 5 级以上的水平！深入一点地说，就是大气边界层的风速随高度呈指数级增加。

除地表粗糙度外，还有一个原因使得大家觉得楼层越高风越大。大多数高层住宅都容易“扎堆儿”，而两座高楼之间的风力远高于开阔地，这就是“狭管效应”：一个空气团，在开阔地移动时，由于空间足够大，可以缓慢移动，相应地风速较低。可一旦移动到两座或者多座高大建筑前，所能通过的空间迅速变小，空气团必然会加速运动，快速通过狭小的“楼道”，风速自然加大。

这就是楼层越高风速越大的原因。

为什么楼层越高风越大呢?

1

2

越靠近地面，障碍物越多，楼层越高，障碍物越少

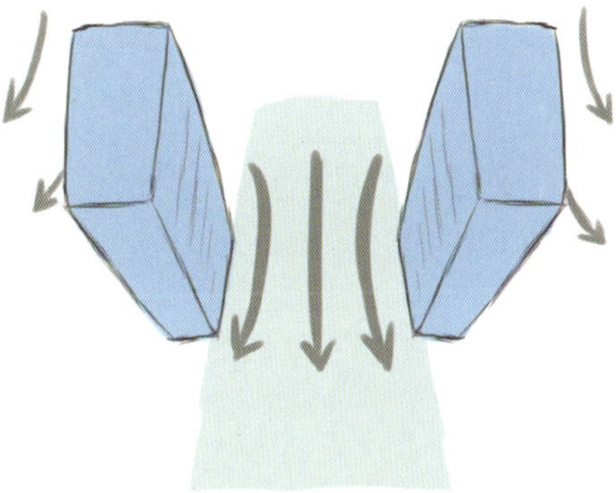

狭管效应

3

4

一般来说，风速随高度呈指数级增大

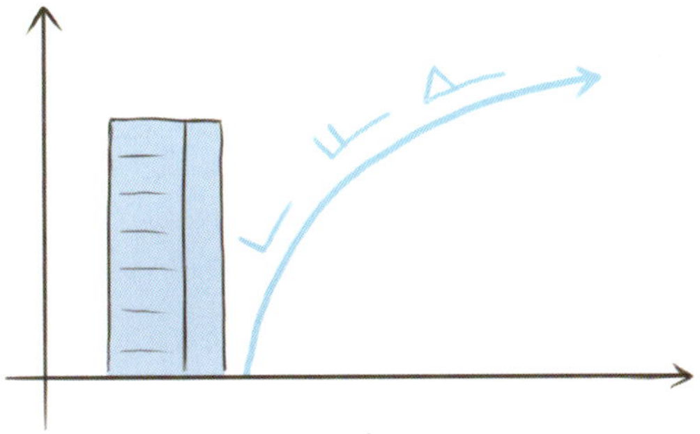

第二章

北京的气候和常见天气

2.1 北京四季的气候特点是怎样的

北京市地处欧亚大陆的东岸边缘，虽东濒海洋，但海洋对北京市气候的影响主要体现在夏季，其他季节主要受西风带大气环流的影响，是典型的暖温带半湿润季风型大陆性气候。北京四季分明，每个季节都有明显的气候特点。

春季：冷暖空气交替活动频繁，气温回升快，干旱多风。春季降水只占全年降水量的 10% 左右，有“十年九春旱”之说。升温快、昼夜温差大是春季气候的显著特点之一。春季短促，两个月左右即进入夏季，这也是北京大陆性气候的一个特点。

夏季：炎热多雨是其显著特点。夏季平原区平均气温在 25 ℃左右，7 月平均气温最高，在 26 ℃左右。极端最高气温可达 40 ℃以上；夏季雨量集中，约占全年降水量的 75%，而 7—8 月降水量约占 65%。同时，夏季经常出现强对流天气，造成暴雨、冰雹、大风等灾害性天气。

秋季：冷暖适宜、少风少雨。秋高气爽的时光甚短，每年只有 50 多天，10 月底开始，寒冷的西北气流逐渐控制北京市，北京逐渐进入冬季。

冬季：寒冷干燥，多风，季节漫长。各月平均气温均在 0 ℃以下。冬季降水稀少，仅占全年降水量的 2% 左右，以降雪为主。

气候学上，北京常年入季的时间分别为：入春 3 月 31 日，入夏 5 月 19 日，入秋 9 月 9 日，入冬 10 月 30 日。

1

春

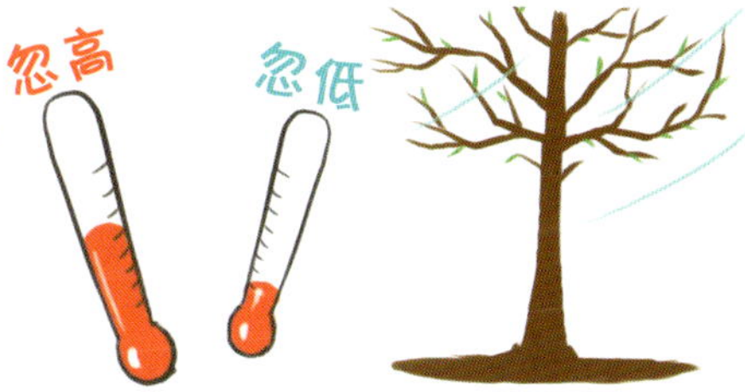

冷暖空气交替活动频繁

干旱多风

2

夏

炎热

多雨

3

秋

冷暖适宜，秋高气爽

4

冬

寒冷干燥，冬季漫长

2.2 北京的风是怎样的

作家林斤澜曾写过著名的短篇散文《北国的春风》，描绘了北国春风的粗犷豪迈、猛烈迅疾、强劲有力的特点。那么，北京的风究竟是怎样的呢？一起来看看吧。

总体来说，北京地区风的季节变化明显，冬半年多偏北风，夏半年多偏南风；冬、春季风大，夏季风小；同时，受地形影响，风的日变化显著。

北京大部分地区年均风速在 1.7～2.5 米/秒（2 级风的水平），城区与一些谷地、盆地的风速较小，但佛爷顶的年均风速却达到 4.8 米/秒，达到了 3 级风的水平。

北京地区每天风速最大的时间大约出现在下午，而风速最小的时间则出现在清晨。这是因为日出后地面被太阳辐射加热，上下层空气的湍流交换加强，10 时左右地面风速逐渐加大，至 15 时左右达到最大，此后，随着气温逐渐下降，湍流交换也有所减弱，近地层获得的动量减少，再加上地面的摩擦消耗，风速随之减小，清晨日出前降至最小。

不同的季节风速、风向差异很大。林斤澜先生写到的“呜呜吹号，哄哄呼啸”可谓恰如其分——北京风速最大的月份出现在 4 月，当冷空气过境时，有时会形成强劲的偏北大风，平均风力可达 6 级以上。这样的偏北大风影响范围大，持续时间长，最长甚至可持续 2～3 天。

但是，夏季发生强对流天气时，也会产生短时大风。这类大风瞬时风速大，有时风力可达 10～12 级，破坏力强，但范围小，历时短，一般只有几分钟到几十分钟不等。

正如林斤澜先生所描绘的那样，北京的风粗犷豪迈、猛烈迅疾、强劲有力！

北京的风到底是怎样的呢？

1

2

北京大部分地区年均风速

1.7 ～ 2.5 米/秒

但是佛爷顶年均风速达到

4.8 米/秒！

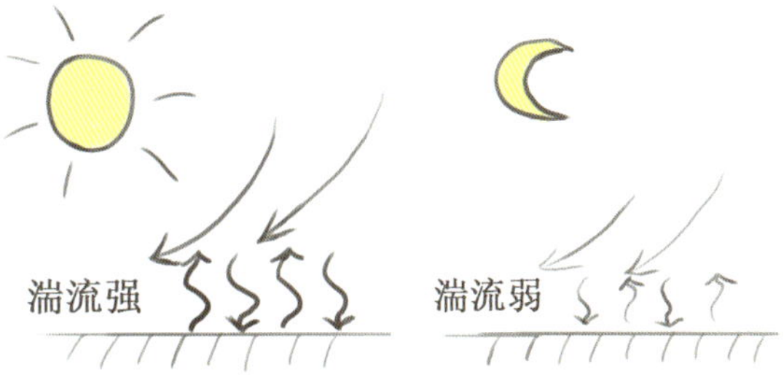

日出后地表被太阳辐射加热，风速加大

日落后气温降低，风速减小，清晨日出前风速最小

3

4

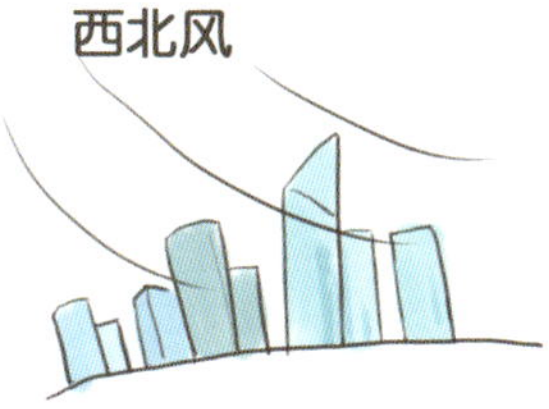

冬春季强冷空气过境后可形成偏北大风

夏季强对流天气可造成短时大风，瞬时风力可达10 ～ 12级

2.3 什么是北京的“山谷风”

有心的朋友在听北京天气预报的时候，想必一定会发现，没有明显天气系统影响时，北京的风一直都是“白天北转南风 2～3 级，夜间南转北风 1～2 级”，这可不是天气预报员偷懒，这是地形给北京带来的“山谷风环流”。那么，究竟什么是“山谷风”呢？

北京地处山地与平原的过渡带，北依军都山，西靠太行山北尾，东北系燕山余支，东、南接冀北平原，呈三面群山环抱之势。就北京地区而言，白天阳光照射，山区升温快，热空气在山坡膨胀上升，需要平原地区的空气进行补充，风由平原吹向山区，为偏南风。夜间，太阳落山，气温开始下降，山区降温快，冷空气收缩下沉，沿山坡下降，风由山区吹向平原，为偏北风。

那么大家不禁会有疑问：白天主要为偏南风，夜晚主要为偏北风，风向在何时发生转换呢？通过前述可以了解，该现象是由平原和山区的气温差异形成的，所以，各个季节气温变化的时间不同，风向转换的时间也必然不同。

以增温最快的夏季为例，大约上午 11 时，风向便转化为偏南风；而夜间降温缓慢，凌晨 2 时左右风向才会转化为偏北风。其他季节“北转南风”的时间则会稍晚，而“南转北风”的时间则会稍早。

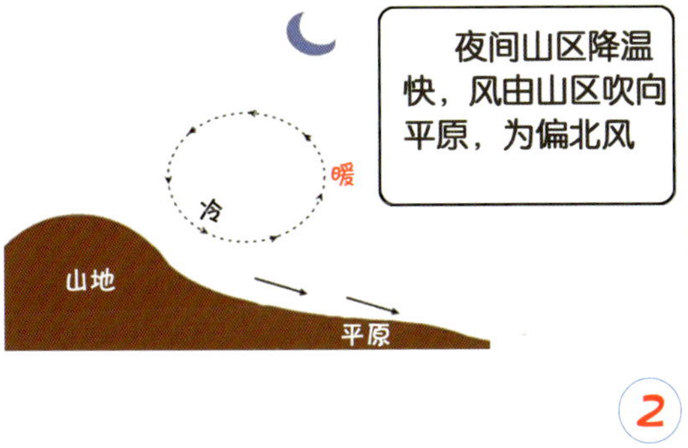

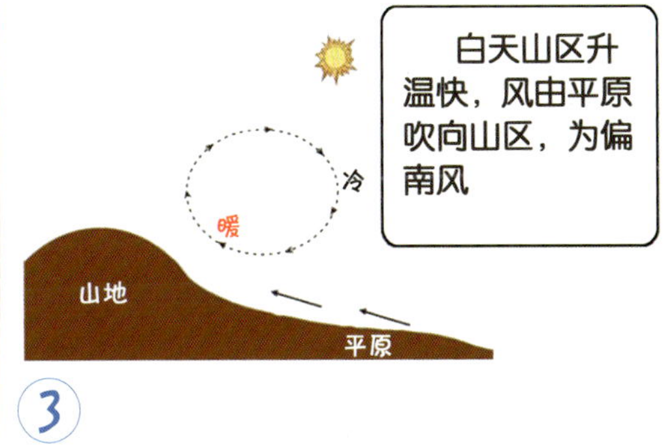

4

因此，在没有明显天气过程时，北京白天北转南风，夜间南转北风

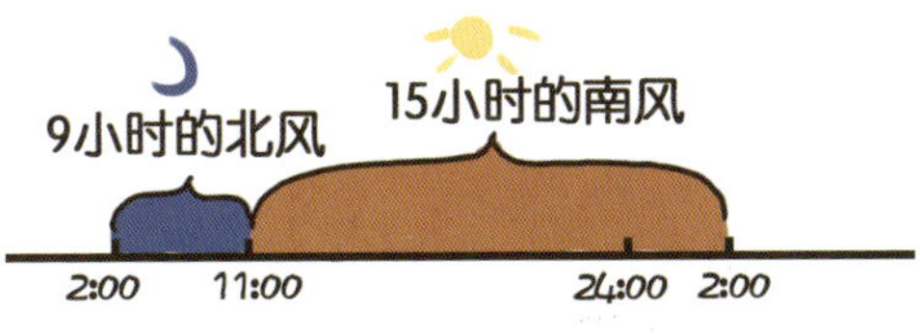

夏季南风持续时间最长：因为白天增温快，上午 11 点风向就发生转换；夜间降温慢，南转北风的时间约在凌晨 2 点

2.4 大风灾害与避险指南

北京的风具有典型的“北方特色”，粗犷而豪迈。据统计，北京全年出现 8 级以上的风（风速 ≥17.2 米/秒）的日数约有 25 天，而夏季强对流天气伴随着的大风风力可达 10～12 级！破坏力十分强，亦会造成各种经济、生命财产的损失。那么，遇到大风灾害该如何避险呢？

▶ 避开危险地段

大风天里，城市的危险地段可不少，大体上有如下三类：

1. 高层建筑之间的狭长通道。由于狭管效应，高层建筑之间的风力比平坦地带大，不仅更易出现高空坠物，行走其间也有可能造成摔伤的危险。

2. 危旧房屋、广告牌、腐朽树木等。在强风的作用下，这些物体有可能倒塌，砸伤行人。因此请不要在这些地点停留。

3. 施工工地附近。施工工地的物品相对缺少固定措施，更易被大风吹散。因此，应尽量远离施工工地，若无法避开，应快速通过，避免被建筑器材或材料砸伤。

▶ 做好个人防护

大风天里灰尘、细菌肆意流动，人体皮肤更易沾上细菌。因此，外出宜戴口罩、纱巾等防护用品，每天做好皮肤的清理工作。

此外，换季时节伴随大风天气的气温变化会使人体抵抗力下降，增加感冒风险，需要及时增减衣物、勤洗手。

最后，如果北风刮起的沙尘进入眼睛，可滴几滴眼药水让异物随之流出，若异物取出困难需立即前往医院治疗，切不可用手揉搓，以免发生感染或其他问题。

▶ 注意交通安全

大风天视觉可见度降低，开车时应集中注意力，严密注意行人动向，与其他车辆保持更大的车距。停车时注意周围环境，不要把车停在高大广告牌或老朽树木下，以防被砸。货运车辆装载

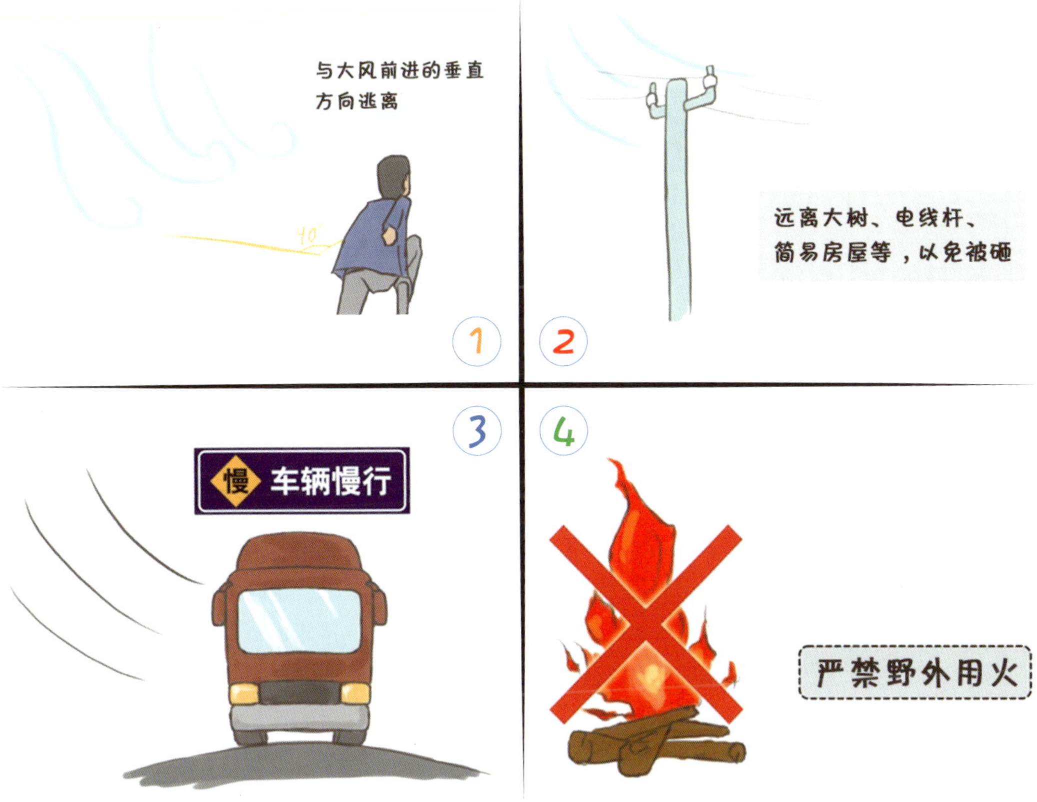

的货物要捆扎牢固，防止被大风吹走或散落，更要防止车上货物掉落砸伤他人。

▶ 防范火灾

大风天往往湿度低，天气干燥，容易诱发火灾。而一旦发生火情，强风又会加重火势，增加火灾危害。因此，需要密切关注火灾隐患，注意检查和维护室外电源线路。不在室外用火，不随意烧纸烧荒，不乱扔烟头。

2.5 北京的暴雨有何特点

夏天，除了高温，给人印象最深的恐怕就是暴雨了。北京的暴雨尤其让人印象深刻：雨势强，雨量大，“黑云压城城欲摧”。那么北京的暴雨究竟有何特点呢?

通过对历史资料的统计，北京的暴雨最早出现在 5 月下旬，最晚出现在 9 月上旬。但 7—8 月永远都是暴雨出现最多的时段——近九成的暴雨出现在这个时段；而大暴雨（24 小时降雨量的范围在 100.0～249.9 毫米）发生的时段更为集中，七成左右的大暴雨集中在 7 月下旬—8 月下旬。总体而言，7 月下旬—8 月上旬是北京发生暴雨、大暴雨甚至特大暴雨最多的时段，比如 2012 年罕见的“7・21”特大暴雨就出现在 7 月下旬。

北京暴雨第二个特点就是降雨强度大，持续时间相对短。经历过北京暴雨的朋友都会有感触，北京的暴雨要么不下，下起来就是倾盆大雨，1 小时降雨超过 100 毫米的现象十分普遍，甚至短短 5 分钟内就可降雨 20 毫米——5 分钟的降水就可以没过鞋底！一般除了“7・21”那样的极端情况，这样大降雨强度的降水并不会持续太长时间。通常情况下，北京暴雨的持续时间不会超过 24 小时。

第三个特点就是对流活动旺盛。北京的暴雨几乎全都伴随着雷电现象，一次暴雨过程可以监测到数千次甚至上万次的闪电。不仅如此，冰雹也较为常见，一年之中平均会有 20 多天出现冰雹。

同地形关系密切是北京暴雨的第四个特点，这一特点主要体现在两方面：第一，降雨云团移动过程中遇见山脉阻挡，为了“减轻负担”，会在爬山过程中“丢弃”一些“水分”，因此，山脉的迎风坡更容易出现暴雨。就北京的平均状况而言，西南和东北地区每年出现暴雨的次数远高于其他地区。第二，北京的热岛效应十分明显，城区气温高于郊区，由此造成了城区的上升气流较强。同时城区密集的建筑物增加了地表粗糙度，乱流更多，有助于暴雨云团的发展。因此，北京城区的暴雨日数要多于郊区。

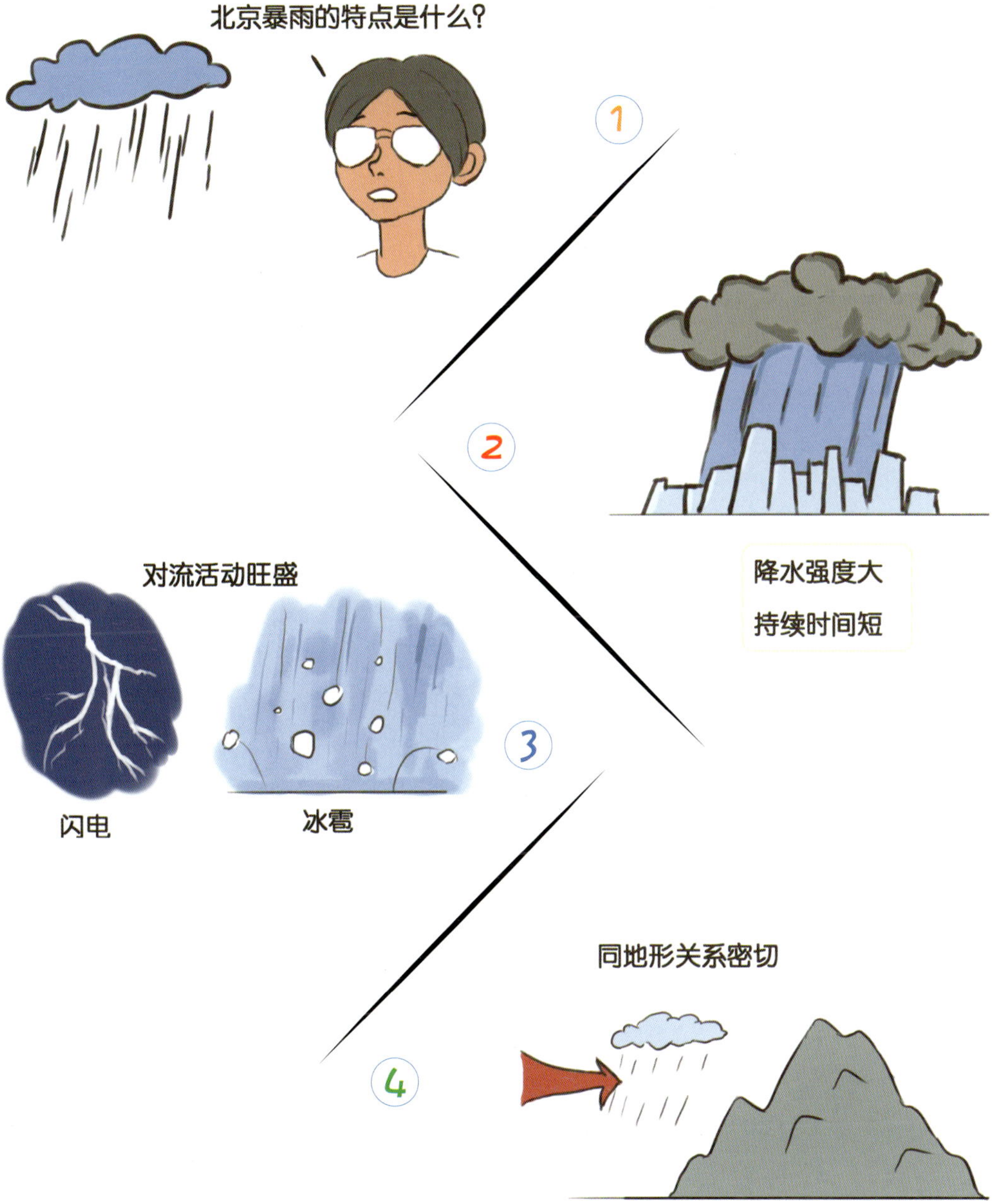
北京暴雨的特点是什么？
1
降水强度大
持续时间短
2
对流活动旺盛
闪电
冰雹
3
同地形关系密切
4

2.6 北京典型的暴雨有哪几种

“七下八上”也就是7月下旬—8月上旬，是北京暴雨多发时节。“暴雨”，顾名思义，就是指降雨强度和降雨量相当大的雨。判断一场雨是不是暴雨，主要与两个因素有关——降雨强度和持续时间。降雨强度指的是单位时间的降雨量，反映雨势大小。常用的单位有毫米/10分钟或毫米/小时，持续时间指的是从开始降雨到降雨结束一共经历的时间。气象上把24小时降水量达到50.0～99.9毫米的雨称为暴雨。暴雨也分“豪放派”和“婉约派”，让我们一起通过实例来了解一下。

2012年7月21日，北京遭受了1951年有气象观测记录以来的最强降水天气过程。此次降水时间从21日10时一直持续到22日06时，接近20个小时。此次降水是暴雨中典型的“豪放派”，对流强，降雨强度大，最大降雨强度达到100.3毫米/小时，全市平均降水量170毫米，城区平均215毫米，最大房山河北镇541毫米。

时隔4年，2016年7月19日北京再次迎来了暴雨天气。此次降水时间从19日01时持续到20日23时，接近47小时。虽然降水时间长，但对流弱，降雨强度相对小，雨势平稳，最大降雨强度为56.8毫米/小时，属于暴雨中的“婉约派”。

除了上述两种典型的暴雨外，还有一种是局地暴雨。2009年7月13日，北京出现了局地强降水过程，造成北京西部、南部地区大面积环路积水堵塞，城市交通受到很大影响。北京这种暴雨大多与北京复杂的地形有关，其特点是局地性较强，出现“东边日出西边雨”的情形，出现大风、冰雹等灾害的可能性较大。

北京暴雨有哪几种呢?
1
2
2012 年“7·21”大暴雨降雨时间长、降雨强度大，对流旺盛
3
降水时间长、降雨强度相对小
（比如2016年7月19—20日的降水过程）
雨婆婆慢步走来
4
局地暴雨与北京复杂的地形有关

2.7 北京暴雨的“开关”从何而来

北京气候特点鲜明，夏季降水充沛，全年降水量的70%～80%发生在夏季。暴雨更是十分频繁。我们知道，产生暴雨需要一定的天气系统，这样的天气系统就是发生暴雨的“开关”。那么北京暴雨的“开关”从何而来呢?

根据1980年以来的数据，北京暴雨的“开关”大体上有6个：

蒙古气旋。顾名思义，来自于蒙古国境内，是一个冷性的低压系统。夏季，北京通常处于湿热的环境之中，当蒙古气旋移至北京上空时，造成北京地区动力、热力不稳定条件发展，不稳定能量释放可出现对流性暴雨天气。

河套低涡。同样，这类“开关”生成在河套附近，也是一个低压环流系统。当河套低涡影响北京时，通常会带来两个阶段的强降雨。两阶段之间有明显的间歇期，且降雨天气过程较长。

东北冷涡。后面“东北冷涡和北京雷雨的关系”一节会对东北冷涡进行较多介绍，暂不赘述。这里只做一些简单介绍：东北冷涡产生的强降雨绝大部分伴有强对流发生，降雨强度大，持续时间不是很长，但一般6小时之内就能达到暴雨量级，降雨具有明显的间歇性。

西南涡。形成于四川西部的“开关”也会给北京带来雷雨哦！西南涡直径300～400千米。当夏季副热带高压十分强盛，外围西南气流可以从孟加拉湾一直延伸至北纬40°附近时，西南涡便有可能沿着这条“管道”一路北上，在北京上空遇到北方南下的冷空气，便有可能给京城带来暴雨。

除了漫画中的四类，还有另外两个“开关”会给北京来带暴雨。分别是“热带气旋（台风）型”和“副热带高压西风槽型”。其中，“热带气旋（台风）型”即是登陆台风给北京带来暴雨，历史上直接登陆影响北京的台风十分有限，这里不再多做介绍。“副热带高压西风槽型”则是出现次数相对较多的“开关”。当北京位于副热带高压边缘时，水汽输送条件十分有利。此时若有低槽天气系统沿着北纬40°附近东移，便有可能给北京带来暴雨。

1

我是蒙古气旋，从蒙古国移向中国北京，带来对流性暴雨

2

我是河套低涡，从河套地区前往北京，造成的降雨天气过程较长

3

低
我是东北冷涡，家在东北，身后的冷空气给北京造成局地暴雨

4

我是西南涡，来自四川西部，和北方冷空气合力给北京带来暴雨

2.8 北京地形对降水的影响

北京位于华北平原的西北角，总面积约为 16800 千米^2，其中山区面积 10200 千米^2，约占 62%，地形西北高，东南低，三面群山环抱，西部为西山，北部为军都山，东北部为燕山。

北京山脊平均海拔 1000 米左右，西、北、东北方向三座主峰海拔达 2100～2300 米，最高的山峰为京西门头沟区的东灵山，海拔 2303 米；中部、东南部是山前平原，向渤海湾平缓过渡，海拔 10～100 米，通州区东南边界海拔最低。整体看来，北京的地形背山面海，就像一个簸箕，非常有利于触发强对流天气，在山脉前产生暴雨。

夏季阴雨天气时，我们常在天气预报中听到“山前有雨”，那么何谓“山前”呢？夏季的水汽主要靠东南风把暖湿气流输送过来，暖湿气流一路北上，遇到高海拔天然屏障的阻挡被迫抬升，越往高处走气温就越低，水汽在高处发生凝结，就容易在山前出现降水，所以把“山前”也称作“多雨区”。

那么，对流天气如何触发呢？来自西伯利亚的冷空气从西北方向入侵北京，如果这股冷空气足够强劲，能够翻过高海拔屏障而不减弱甚至继续加强，再遇到东南方向的暖湿气流，一干一湿，一冷一暖，这两股风格迥异的气团在一起肯定会释放很多能量，来个龙争虎斗，强对流天气就这么产生了。

1

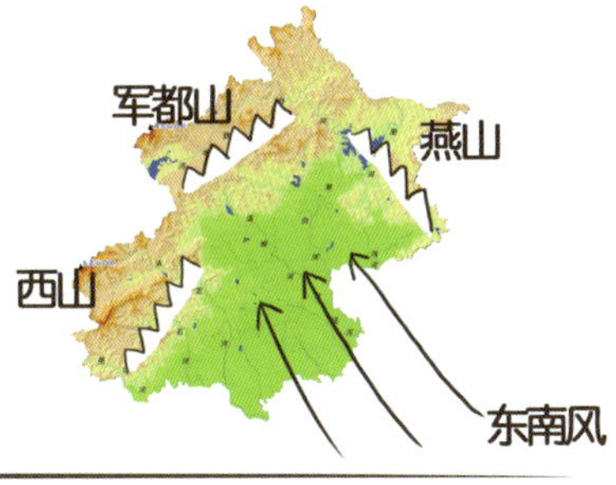

2

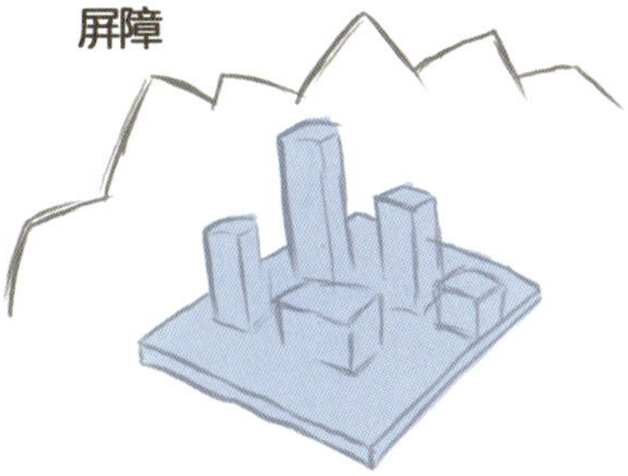

3

4

迎风坡降水

2.9 北京的沙尘天气

北京的沙尘天气主要出现在3—5月，4月出现最多。沙尘天气是影响北京的主要灾害性天气之一。

首先，我们来认识一下“沙尘天气”。沙尘天气是风将地面的尘土、沙粒卷入空中，使空气混浊的一种天气现象的总称。沙尘天气可分为浮尘、扬沙、沙尘暴、强沙尘暴和特强沙尘暴，能见度依次降低。北京地区的浮尘和扬沙天气所占比例较大，尤其是扬沙天气。利用北京20个气象站的沙尘天气历史资料，我们可以发现扬沙出现日数的大值区分布于海淀区、丰台区、石景山区及朝阳区和大兴区，以朝阳和大兴为大值中心。浮尘出现大值区分布在斋堂、房山、霞云岭以及古北口、平谷。沙尘暴天气比例很小，延庆区、大兴区为两个相对大值区。

影响北京地区的沙尘源地主要分布在新疆的塔克拉玛干沙漠、古尔班通古特沙漠、库姆塔格沙漠，甘肃的敦煌附近、河西走廊，内蒙古的巴丹吉林沙漠、腾格里沙漠、乌兰布和沙漠、毛乌素沙漠、浑善达克沙地，青海的柴达木盆地。

沙尘传输路径最主要的有两条，分别是西路传输和北路传输。北路输送：内蒙古乌兰察布市和锡林郭勒盟→阿巴嘎旗→浑善达克沙地→张家口→北京。西路输送：新疆哈密→内蒙古阿拉善盟→河西走廊→贺兰山南、北两侧→毛乌素沙漠和乌兰布和沙漠→呼和浩特市→张家口→北京。

沙尘形成有三个基本条件：其一是沙源，即有沙尘的来源；其二是强风，一般至少需达到6级（10.8米/秒）；其三是不稳定的大气层结，这是重要的局地热力条件。

那么，沙尘最终去哪了呢？一部分沉降到北京本地，大部分随着大气的运动方向（自西向东）东移逐渐飘向渤海，还有小部分颗粒随着气流升至高空变成气溶胶粒子，浮在高空。

沙尘天气来袭时，大风将过敏源传到本地，可诱发过敏症等。由于能见度较低，对航空飞行和公路交通都有不利影响。

北京的沙尘天气主要出现在3—5月，4月出现最多

1

2

形成沙尘的条件

3

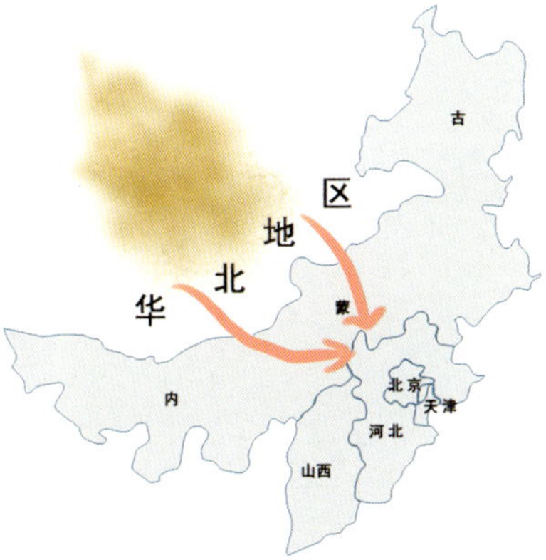

4

归宿

本地

入海

气溶胶粒子

2008年4月16—17日
北京地区总沉降量33万吨

第三章

北京各季节的天气

3.1 春天为何适宜放风筝

“立春”之后，天气逐渐变暖，春回大地，万物复苏，草青树绿，百花争艳。春天里人们最喜爱的活动就是春游、踏青和放风筝了。风筝在我国已有一千五百多年的历史，作为一种民间娱乐活动，在北京有历史记载已有三百多年。记录清代北京的风土杂记《帝京岁时纪胜》里写道，“清明扫墓，倾城男女，纷出四郊，提酋挈盒，轮毂相望。各携纸鸢线轴，祭扫毕，即于坟前施放较胜”，描绘了当时人们放飞风筝的盛况。

那么，为什么春天最适宜放风筝呢？

放飞风筝必须要有风，而风则具有明显的季节变化和日变化。北京地处季风气候区，四季之中春季的风速最大，6 级以上的风的日数有 5.1 天，远高于其他季节，这为风筝高飞提供了必要条件。单有大风还不够，风筝升高更需要上升气流。立春后，北京地区接收到的太阳辐射能量越来越多，地表温度随之升高，在低空由于上冷下暖而产生明显的热对流现象，为放风筝提供了上升力，更有利于风筝飞至高空。

此外，春天的气温也适于人们户外活动。春季的气温范围为 10～22 ℃，人体感觉舒适。经过整个寒冬的“缩手缩脚”，春季正适宜人们到户外呼吸新鲜空气，活动筋骨。

那么，每天什么时候适宜放风筝呢？每天上午 10 时—下午 5 时最适宜放风筝，原因在于北京风的日变化。北京地处华北平原和燕山山脉交界处，在上午 10 时—下午 5 时，风速较大，上升气流旺盛，且风向较为一致，不易产生乱流。因此，这段时间最适宜放风筝。

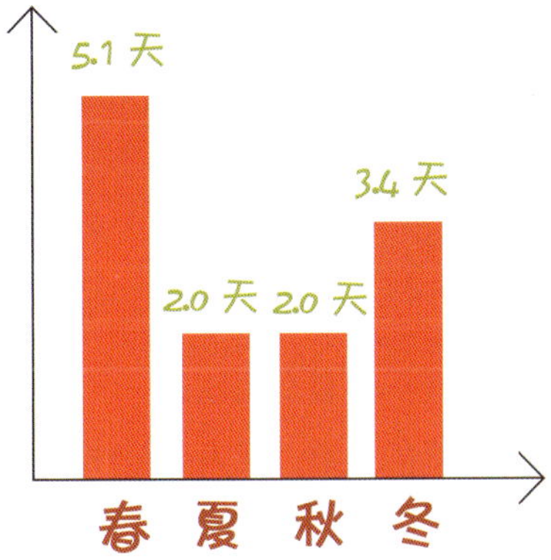

一年之中，春季平均风速最大

北京春季 6 级以上风的日数平均有 5.1 天，远高于其他季节

1

2

立春以后，北京地区接受更多太阳辐射，地表升温，上升气流易于风筝升高

春季气温适宜户外活动

3

气温10～22 ℃

4

最佳放风筝时间

上午 10:00 —下午 5:00

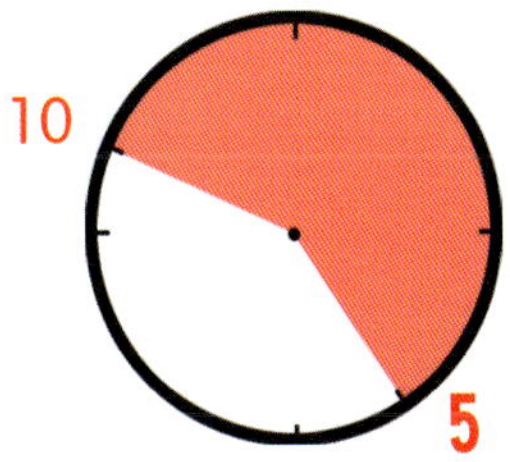

该时段风速较大

上升气流旺盛

3.2 北京的“倒春寒”

北京寒冷的冬天结束了，初春气温回升较快，万物复苏，处处洋溢着春的气息。就当大家都以为春天来了，一天会比一天暖和的时候，却出现了气温突然下降的现象，使人有一种“春寒料峭”的感觉，不觉打几个寒战——这种现象叫作“倒（dào）春寒”。

春季是气温、气压等气象要素变化最无常的季节，时常出现气温骤然升降的现象。气象学上真正的入春标准是：连续 5 天日平均气温超过 10 ℃。初春正是冬季风向夏季风转换的过渡时期，来自西北方向的冷空气活动频繁，白天温度较高，阳光洒在身上暖洋洋的；夜间辐射降温明显，气温下降较快，寒气袭人，乍暖还寒。

“倒春寒”对农业生产有不利影响。可造成大范围地区农作物受冻害，使正处于返青或拔节阶段的冬小麦遭受不同程度的冻害，已经播种尚未出土的棉花、水稻等农作物会出现烂种现象，已经出土的幼苗容易被大批冻死。

“倒春寒”同样对人体健康造成一定影响。天气转暖以后，人们身体的抗寒能力和抗病能力出现下降，会经受不住突然袭来的冷空气刺激，直接影响呼吸道黏膜的防御功能，抗病能力整体下降，容易使人体自主神经中枢系统发生紊乱，导致调节功能减弱。因此，春季是流感、流脑、病毒性肝炎等多种疾病流行或复发的季节，同时，呼吸道疾病和心脑血管疾病患者也明显增多，尤其是抵抗能力较低的老人和儿童。如不注意预防，“倒春寒”对人体健康会造成一定危害。

1
10 ℃
进入春季
来自西北方向的冷空气
2
北京
2 ℃
乍暖还寒！
气温下降易感冒，老人和儿童抵抗力下降
3
4
农作物受冻，幼苗死亡

3.3 对流性天气产生的条件

夏天里，人们经常可以看到雷电、大风、暴雨甚至冰雹等天气现象。这些天气现象在气象学上被称为对流性天气。那么我们不禁要问，对流性天气是怎样产生的呢?

首先，对流性天气的产生离不开水汽。大家都知道，没有云就不会下雨，而水汽就是成云致雨的最基本条件。水汽越多，空气湿度越大，降水的可能性越大。

其次，大气必须具有不稳定层结条件。听上去很难懂，但解释起来很简单。众所周知，水比油密度大，将它们装在一个瓶子里，必然是水在下层油在上层。如果倒转瓶子，油和水就会首先进行混合、翻滚，最后再次形成油在上、水在下的分层。说到这里相信大家也就清楚了：油在上、水在下的情况是稳定的，如果是水在上、油在下的不稳定状态，二者之间就会混合、翻滚。大气也与之类似，冷空气比暖空气密度大，因此，稳定的大气层结是冷空气在下，暖空气在上，但由于种种原因出现了与之相反的情况，大气层结就不稳定了。一旦有触发机制，冷暖气团激烈碰撞，产生强烈的上升运动，雷雨大风等对流性天气就随之而来。

“触发机制”便是对流性天气产生的最后一个条件。它的学名叫作“抬升条件”。举一个最简单的例子：夏季的午后，太阳辐射强，在强烈的阳光照射下，地表增温迅速，在地表受热不均匀的情况下，就会产生乱流扰动，这种乱流扰动就会激发前面所说的“不稳定层结”大气中的能量。此时如果再有一定的水汽条件，对流性天气就产生了。

夏天对流性天气多发
成因是什么呢?

1

条件 1： 水汽条件

水汽是成云致雨的原料

2

条件 2： 不稳定层结条件

空气上冷下暖会导致大气层不稳定

3

条件 3： 抬升条件

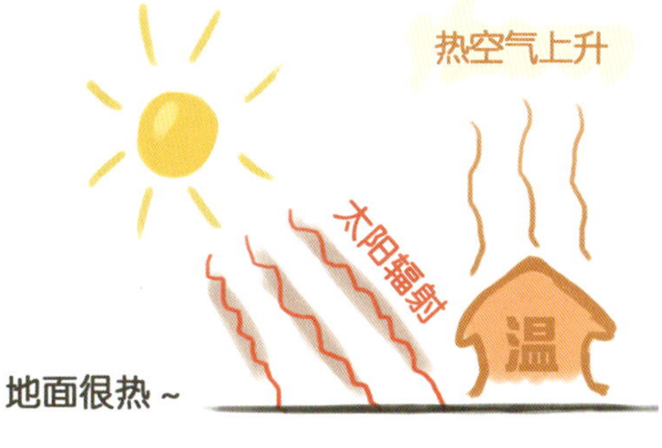

4

3.4 雷雨为何难预测

夏季雷雨通常让人觉得来去匆匆，有时还不守规矩，来得突然，让人猝不及防。那么雷雨为什么难测准呢？

雷雨的预报确实是当前天气预报的难点问题之一，我们就从三个角度去说明这个问题。

首先，雷雨最大的特点是降雨的局地性强。由于雷雨云团通常情况下范围比较小，有时会出现“马路两边两重天”的现象。所以民间有“夏雨隔牛背，鸟湿半边翅”的谚语。在北京，西部、北部大雨倾盆而东部、南部滴雨未下的情况时有发生。因此，在很大程度上给人感觉“没报准”。

其次，雷雨发生时降水量分布极不均匀。举例来说，北京 2016 年 8 月 12 日的雷雨天气过程，城区平均降雨量 15.8 毫米，只达到中雨级别，海淀的部分地区甚至滴雨未落。但是，在密云穆家峪，当日累积降雨量达 208.3 毫米！大暴雨的水平！因此，雷雨发生时，不同地区的降雨量差异很大，待在没下雨的地方自然感觉预报不准。

最后，雷雨云团移速多变，而北京复杂的地形条件使得这种情况更为明显。很多时候，雷雨云团会在北京西边“徘徊”很久，需要很长时间才能“翻山越岭”。而一旦过山进入平原，有的发展壮大形成排山倒海之势，有的却会销声匿迹，无影无踪。

1

2

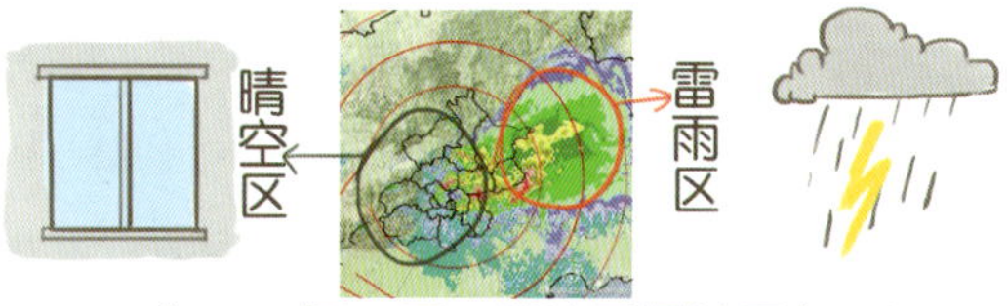

（2014 年 6 月 1 日凌晨雷达图）

夏季雷雨范围分散，常有“东边日出西边雨”

3

雷雨降水量分布不均，局地暴雨、平均小雨的情况很常见

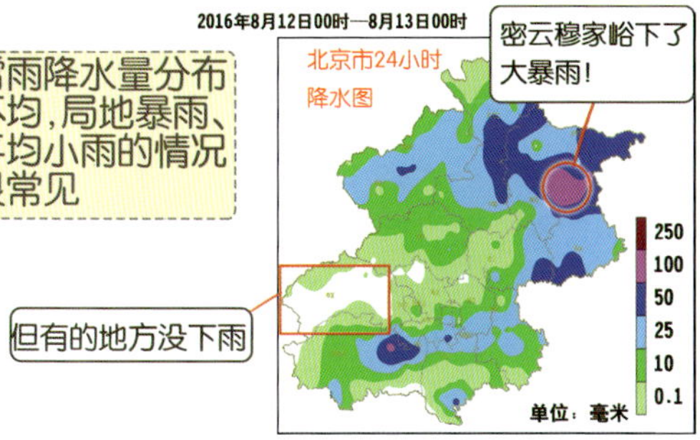

4

雷雨云团移速多变，难以确定准确时间

3.5 如何识别雷达图

夏日雷雨频发，而突如其来的雷雨又让人防不胜防，那么有没有什么方法可以让自己成为“预报员”，预测一下什么时候会下雨呢？有！那就是看雷达图。正所谓“雷达看得好，受益直到老”。那么，我们就一起来学学如何看雷达图吧。

天气雷达多为脉冲雷达，它以一定的频率发射出持续时间很短（0.25～4 微秒）的脉冲波，然后接收被降水粒子散射回来的回波脉冲。降水粒子对雷达发射波的散射和吸收同雨滴谱、雨强、降水粒子的相态、冰晶粒子的形状等特性有关。因此，分析和判定雷达回波，可以确定降水粒子的宏观特性和微物理特性。简而言之，脉冲波就是雷达的眼睛，雷达通过脉冲波识别云、雨。

雷达图常用功能主要有三个，就让我们在这里进行简单介绍吧。

最常见的就是反射率图。雷达反射率是空间单位体积中的大气物质对雷达发射的微波的总后向散射截面。简单来说，就是雷达反射率越强，降水越强。而在雷达反射率图上，绿色、黄色、红色区域的反射率依次加强。也就是大家常说的“西红柿”大于“鸡蛋”大于“卷心菜”。但具体情况还需要结合图片具体分析。

其次就是径向速度图。绿色表示气团向雷达靠近，红色表示气团远离雷达。大家都知道，干冷空气和暖湿空气相遇，容易形成雷雨。北京西北边是干燥的内陆，东南边则是渤海，通常情况下北京的西北风是干冷的而东南风是暖湿的。当西北风和东南风相遇时，就有可能产生雷雨。在径向速度图上，“对头风”吹起来，雷雨便产生了。

雷达图中最后一个需要关注的就是“回波顶高度”。通常来说，对流发展越旺盛，积雨云越高，对流性天气越强烈。而危害最大的灾害性天气——冰雹，通常需要积雨云发展到 12 千米以上的高度才会产生。因此，关注回波顶高度可以有效地了解灾害性天气产生的情况。

雷达图像

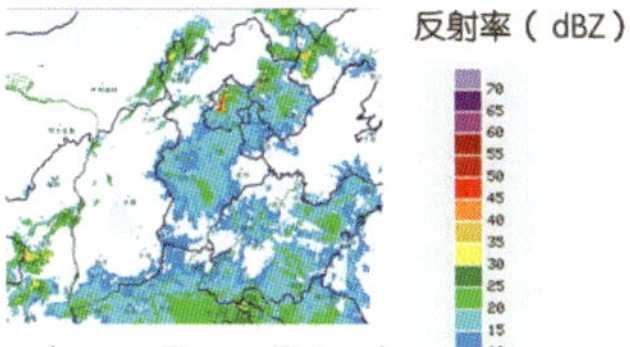

2014年5月19日00.00雷达图像

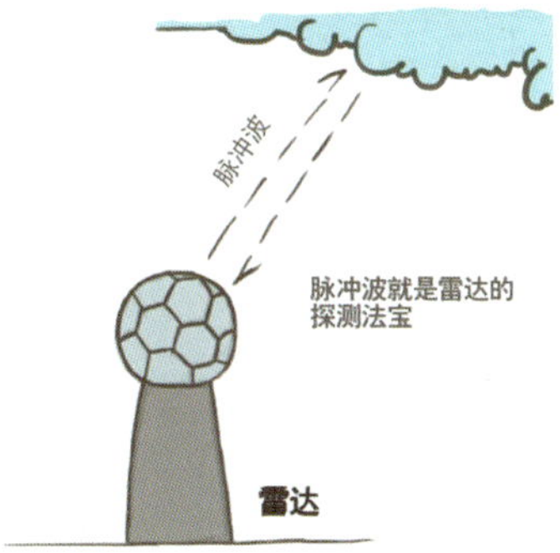

反射率图

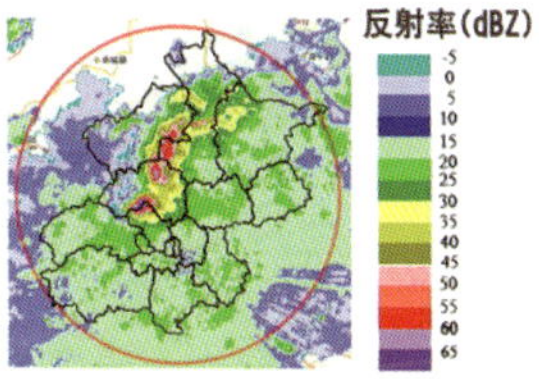

2014年5月19日

颜色越红，回波越强

1

2

3

4

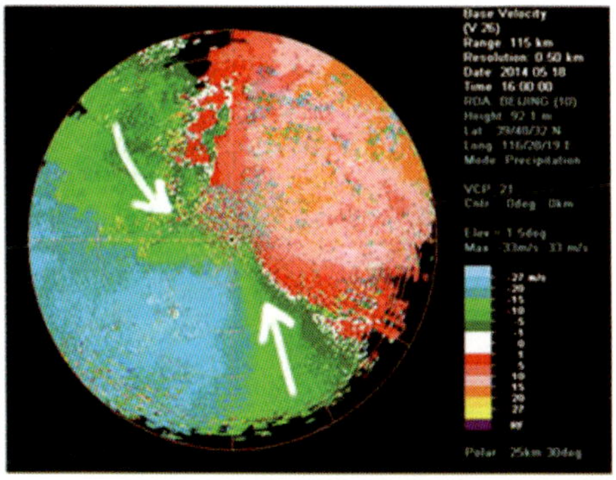

绿色表示气团靠近雷达，红色表示气团远离雷达，“对头风”吹起，雷雨便产生了

回波高度顶

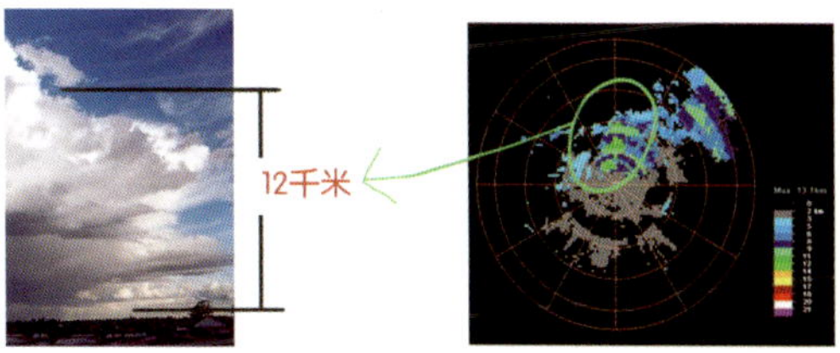

云顶高达12千米就有可能产生冰雹

积雨云越高，对流发展越旺盛，越易产生对流性天气

3.6 东北冷涡和北京雷雨的关系

夏日里大家经常会有这样一种印象：一连三四天，京城每天下午到夜间都有一场雷雨。这样每天一场雷雨的状况其实是东北冷涡造成的。那么我们不禁要问，什么是东北冷涡？东北冷涡为什么会造成这样的天气过程呢？

首先介绍一下东北冷涡。它的名字已经显现出其特质。“东北”说明了它的位置：北纬35°～60°，东经115°～145°；“冷”，说明它是一个冷性的气团；“涡”说明它在逆时针旋转。需要进一步说明的是，东北冷涡的生命史一般有3～5天，甚至更长。

说完了东北冷涡，再来说一下雷雨产生的条件。夏天从冰箱里拿出一瓶汽水，很快瓶壁上就开始“出汗”。“出汗”现象其实是夏天暖湿空气遇冷凝结而成的。与之相类似，雷雨天气一般产生在冷暖气团交汇的地方。

了解了雷雨产生的条件，就不难理解东北冷涡在京城制造雷雨的过程了。夏天的北京潮湿闷热，一旦遇到干冷空气就有可能产生雷雨。而我们之前说过，东北冷涡是一个逆时针旋转的冷性气柱。它在旋转过程中就像下雨时“转雨伞”，雨伞甩出的“雨滴”就是东北冷涡甩出的冷空气。当这些冷空气抵达京城时，就很容易形成雷雨天气。

最后，由于东北冷涡生命史较长，一般可持续3～5天，所以东北冷涡每天甩出一股较强的冷空气，京城便每天迎来一场雷雨。这就是北京典型的东北冷涡型雷雨天气。

1

2

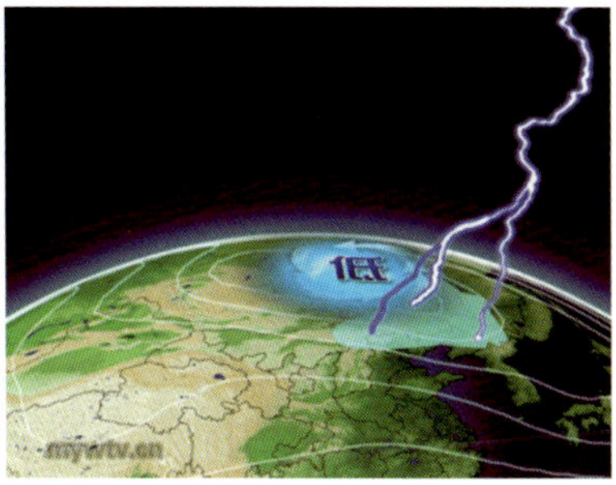

北纬 35°～60°，东经 115°～145° 地区，一个延伸至 6000 米高的逆时针旋转的冷性气柱，就是**东北冷涡**。生命史一般 3～5 天，甚至更长

3

干冷空气遇到暖湿空气就有可能产生雷雨

夏天冰汽水瓶壁上的“汗珠”就是暖湿空气遇冷凝结而成的

4

3.7 什么是“三伏天”

有句俗话叫“冷在三九，热在三伏”。那么这“热在三伏”是什么意思呢？“三伏”是初伏、中伏和末伏三个连续时段的总称，是一年中最热的时节，出现在7月中旬—8月中旬，一般在节气小暑与处暑之间。按我国阴历气候规律，前人早有规定：夏至后第三个庚日开始为头伏（初伏），第四个庚日为中伏（二伏），立秋后第一个庚日为末伏（三伏），头伏和末伏各10天，中伏10天或20天，共30天或40天，所以每年的入伏时间都不一样。2016年，初伏是7月17日—7月26日，共10天；中伏是7月27日—8月15日，共20天；末伏是8月16日—8月25日，共10天。

“三伏天”的天气特点是气温高、气压低、湿度大、风速小。一般说来，“三伏天”中又以“中伏”的平均气温最高。当然，这种说法只是古人的推算方法和经验总结，与实际天气情况会有些差异，极端最高气温不一定出现在“中伏”，甚至不一定在“三伏”。例如，2014年北京的极端最高气温并没有出现在“三伏”中，而是出现在5月29日，为41.1 ℃。但不管怎么说，“三伏天”确实是盛夏酷暑的时候，北京也会出现高温高湿的“桑拿天”，令人闷热难耐。

步入三伏天，中暑也进入高发期。在高温且通风不好的环境下，人体最容易受到影响；此外，频繁往返于室外的高温环境和室内的低温环境，肌体忽热忽冷调节不过来，同样也很容易患上感冒。

那么，为什么三伏天会有这样的天气特点呢？入伏后，副热带高压加强，高压内部的下沉气流使天气晴朗少云，有利于太阳辐射和地表增温。地表吸收的热量逐渐增多，散发的热量少，这样热量累积下来，进入三伏达到最高峰，气温就变高了。另外，夏季雨水多，空气湿度大，这也是天气闷热的重要原因。

三伏天，吃什么？有句老话：“头伏饺子二伏面，三伏烙饼摊鸡蛋。”伏天吃饺子、烙饼、面条的意思，除了表达夏收小麦之后粮食充足的喜悦心情，也补充了人体需要的营养物质。

苦夏的开始

1

三伏天

↓

初伏

中伏（最热）

末伏

2

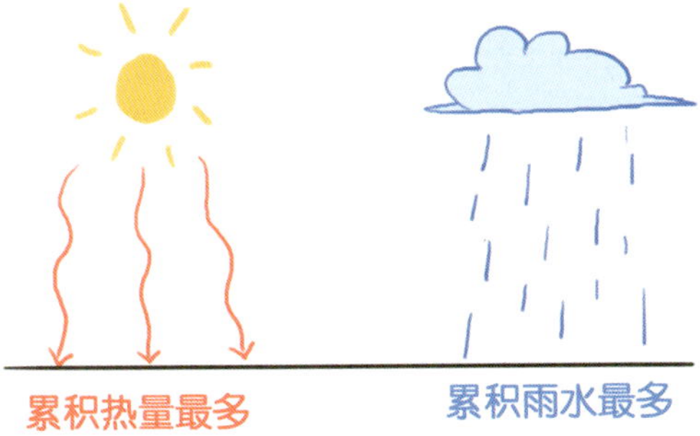

3

热在三伏，养在三伏

及时补充人体所需营养物质

4

3.8 什么是紫外线

紫外线是电磁波谱中波长为 10～400 纳米辐射的总称，是我们肉眼看不见的光，属于“不可见光”。1801 年，德国物理学家里特发现在日光光谱的紫端外侧一段能够使含有溴化银的照相底片感光，因而发现了紫外线。紫外线按照波长的不同，分为紫外线 A（UV-A），紫外线 B（UV-B）和紫外线 C（UV-C）。UV-C 属于短波紫外线，波长 200～280 纳米，它对肌体细胞有强烈的伤害作用。但UV-C在到达地球表面前几乎被臭氧层吸收了，对大家的危害微乎其微。UV-B属于中波，波长 280～320 纳米，大部分 UV-B 被臭氧层所吸收，只有不足 2% 的 UV-B 能到达地球表面，在夏天和午后会特别强烈。UV-B 作用于皮肤表层，能使血管舒张，增加血流量，初期会发红，随后慢慢变成棕色，因此有 UV-B“越晒越红”之说。UV-A 属于长波紫外线，波长 320～400 纳米，它不能被臭氧有效吸收，可对表皮部位的黑色素起作用，从而引起皮肤黑色素沉着，虽然作用缓慢，但能引起一次性黑化，因此有 UV-A“越晒越黑”之说。

由于紫外线的不可见性，常常被大家忽视。紫外线一年四季都有，晴朗的夏季紫外线照射强，不只皮肤要防晒，眼睛也要防紫外线。一旦眼睛受到紫外线损伤，将导致眼睑皮肤癌、角膜炎、白内障等眼疾。如果没有做好防护，紫外线从眼睛外部进入内部，从角膜、瞳孔，到水晶体、玻璃体、视网膜等，都会有大小不等的损伤。所以，紫外线强烈时，户外出行，一副优质的太阳镜是必备的。当然，在日间外出时要戴上太阳帽，穿棉质长袖上衣及长裤，打遮阳伞等，避免在每天日照最强烈的时间长时间在室外活动。

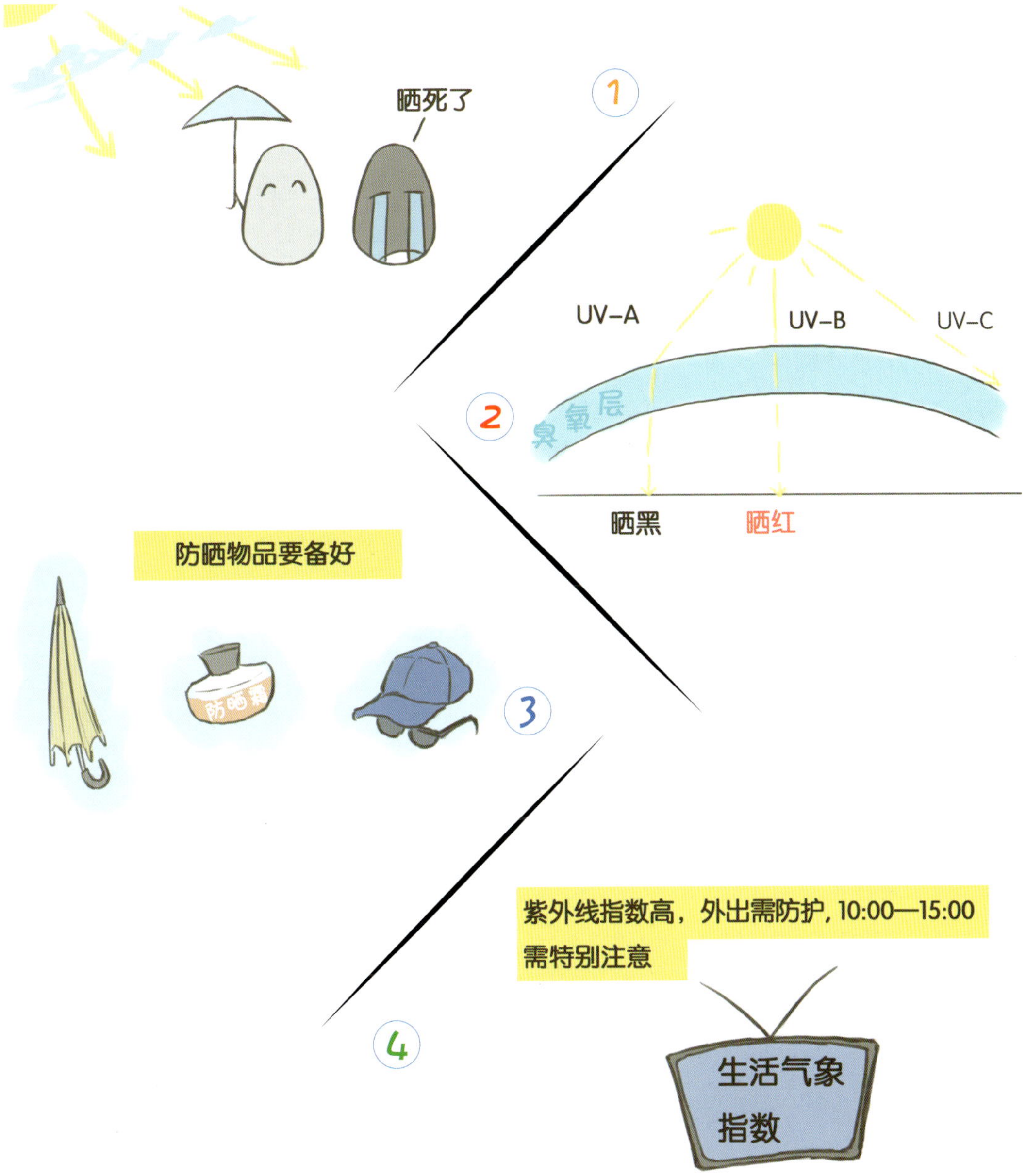
1
晒死了
2
UV-A
UV-B
UV-C
臭氧层
晒黑
晒红
防晒物品要备好
防晒霜
3
紫外线指数高，外出需防护，10:00—15:00
需特别注意
4
生活气象
指数

3.9 夏季的紫外线最强吗

经过上面的介绍，相信大家都知道了，紫外线一年四季都存在。但大家是不是都有这样的疑问：为什么只有在夏季大家才特别注重防晒，是因为夏季紫外线最强吗？

研究表明，紫外线辐射强度存在明显的季节变化，即紫外线辐射夏季最大，冬季最小，总的变化趋势非常有规律。一年中，紫外线辐射强度从5月中旬开始明显增强，6月下旬—8月达到最大，10月后逐渐减弱。一方面，这与紫外线占太阳总辐射的比例有关，冬季（如12月）晴朗天气时紫外线辐射量占太阳总辐射的0.8%左右，而夏季（如6月）该比例增加至3.37%，呈现夏半年高、冬半年低的特点。另一方面，紫外线辐射强度还与太阳高度角有关，太阳在空中位置越高，紫外线辐射强度越高。夏季是太阳高度角最大的季节，因此夏季的紫外线辐射明显高于其他季节。而在夏季中午前后，太阳高度角最大，是一天中紫外线辐射最强的时候。

综合以上叙述，一般来说，夏季的紫外线最强，但是如果夏天出现了阴雨天气，那么紫外线强度就大打折扣了。相反，在天气干燥、晴朗的初秋，也很有可能出现强紫外线辐射，大家千万不要掉以轻心哦！

夏天的紫外线最强么？
1
紫外线强度
5月
10月
2
紫外线
总辐射
夏季
冬季
3
4
太阳高度角最大

3.10 紫外线可怕吗

提起“紫外线”三个字，大家都谈其色变，恨不得马上打阳伞，戴上太阳镜，涂防晒霜。确实，大量照射紫外线对人类健康有严重的危害作用，潜在的危险包括引发和加剧眼部疾病、皮肤癌等。但是它真的那么可怕吗？其实少量的紫外线辐射对人体是有益的，大家相信吗？

晒过多太阳就会被紫外线晒伤或者起皱纹及晒斑，但少量晒太阳有益于身体健康，通常只要避开中午 12 时—下午 4 时这段紫外线辐射强的时间，每天晒 15～20 分钟就行了。

紫外线还可降血压。每天晒 20 分钟左右的太阳，肌肤就能产生一种名为一氧化氮的物质，这种物质能够使血管放松，使血液更加畅通。此外，紫外线能够产生一种对记忆有重大关系的血清素，并有助于脑部海马部位记忆细胞的产生。适量照射紫外线能够有效降低患老年痴呆症的风险。最后，适量照射紫外线能让身体中产生维生素 D，维生素 D 能够提高身体的免疫功能，还能够达到预防关节炎的作用。

沐浴阳光还能够调整体内时钟，提高新陈代谢功能，促进身体健康。总之，过量照射紫外线会对身体有害，但选择合适的时间，适量照射紫外线对人体还是很有好处的！

1

全副武装，对紫外线说NO！

2

两面性

3

适当的紫外线：

1．降血压

2．提高身体免疫力

3．预防关节炎

4

最佳时间：

06:00—10:00

16:00—17:00

3.11 北京的“秋老虎”凶猛吗

经常听说“都立秋了，这天儿怎么还这么热啊，看来是秋老虎来了”。那么，所谓的“秋老虎”是什么？它到底有多凶猛呢？

根据二十四节气的说法，立秋（8 月 7 日前后）之后，北京的夏天也要随之宣告结束了。但是，还是会出现立秋之后天气炎热的现象（8—9 月），我们就把这种现象称为“秋老虎”。

“秋老虎”天气，白天日照很强烈，阳光充足，当然气温也会比较高，所以给人的感觉是“好热啊”，有时甚至感觉身处炎炎夏日之中。但是，早、晚就不一样了，温度会低一些，空气也相对干燥，会有一种凉凉爽爽的感觉。所以，“秋老虎”来了，即使天气炎热些，也不至于像闷热的夏天那样让人喘不过气来。它到底凶不凶猛，你说呢？

出现“秋老虎”的原因是夏末控制我国的西太平洋副热带高压本应逐步南移（离开北京），但又会出现西伸北抬（重新回到北京上空）的现象，在这个高压的控制下，就会出现晴朗少云，太阳辐射强烈，气温回升的天气。

其实“秋老虎”只是民间的一个叫法。真正气象学意义上的入秋标准，是连续 5 天日平均气温低于 22 ℃，第一天即确定为入秋时间。按照这个标准，北京地区平均在 9 月 9 日进入秋季，但每年的入秋时间不尽相同。北京历史上最晚入秋时间为 1987 年 9 月 24 日。

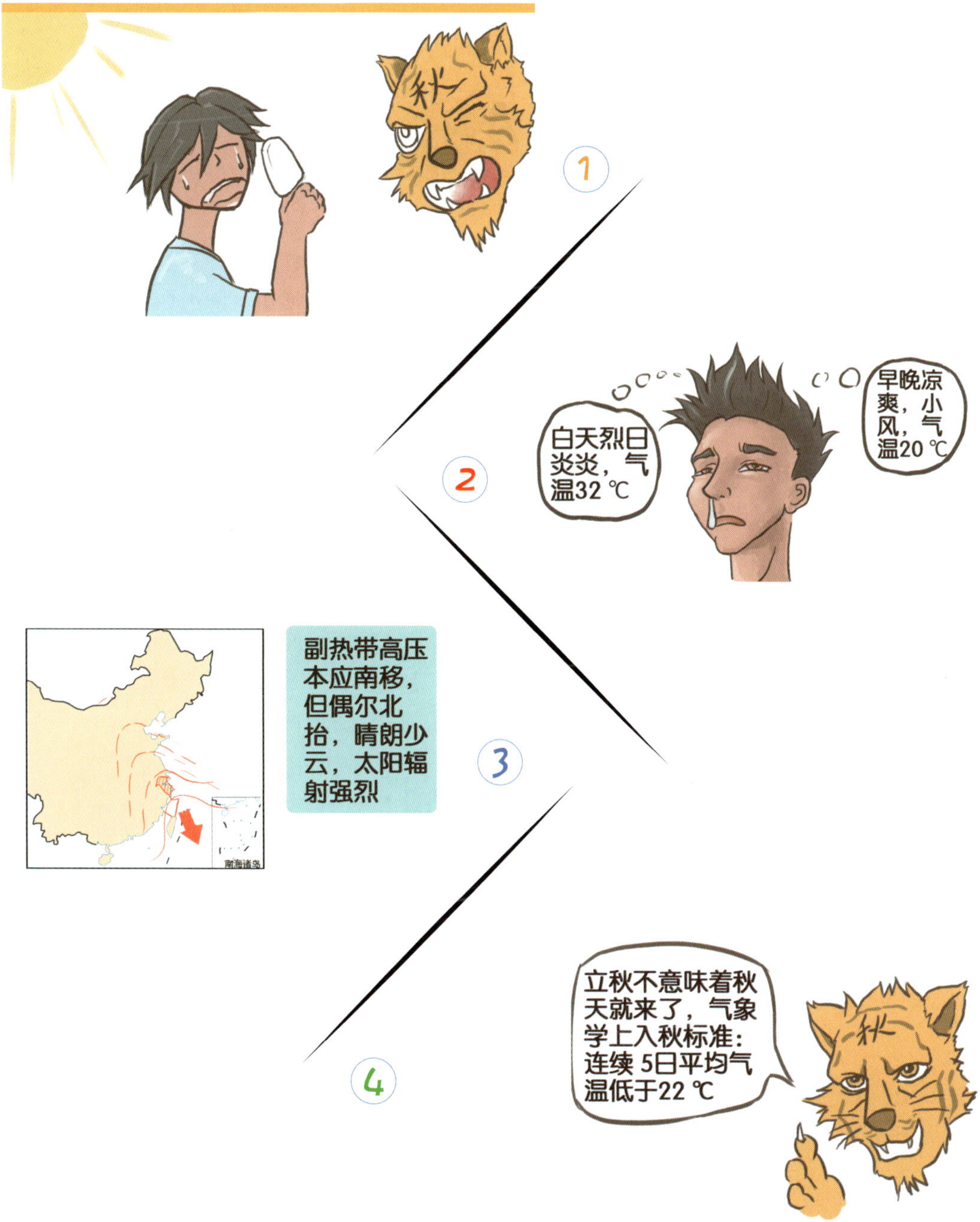
1
秋
2
白天烈日炎炎，气温32 ℃
早晚凉爽，小风，气温20 ℃
3
南海诸岛
副热带高压本应南移，但偶尔北抬，晴朗少云，太阳辐射强烈
4
立秋不意味着秋天就来了，气象学上入秋标准：连续 5日平均气温低于22 ℃
秋

3.12 北京为何“金秋苦短”

北京的秋天美不胜收：银杏叶黄了，黄栌叶红了，金色的柿子挂满枝头，天高气爽，冷暖适宜，人们常以“金秋”称之。郁达夫在《故都的秋》一文中写道：“秋天，这北国的秋天，若留得住的话，我愿把寿命的三分之二折去，换得一个三分之一的零头。”可无奈的是，北京的“金秋”实在苦短：依据统计，气象学上北京常年（1981—2010年的平均状况）入秋时间是9月9日，而入冬时间则是10月30日，整个秋天不到2个月。那么，北京为何“金秋苦短”呢？

产生这一现象的根本原因在于北京是典型的东亚季风性气候。那么，什么是“东亚季风性气候”呢？让我们先回到第一章“为何湖边好乘凉”一节：由于水面和陆面上空的气温不同，冷暖气团之间由于密度不同而不停运动，气团运动产生了风。如果水体（太平洋）和陆地（欧亚大陆）都特别大，这样的风就有了季节性的规律，被称为季风。

在地图上我们可以很清楚地看到，北京处在欧亚大陆的东侧，邻近太平洋。春分之后，太阳照射北半球的时间增多，大陆升温比海洋快，影响我国的主要天气系统——西太平洋副热带高压也随之向北移动发展，北京受偏南暖湿气流控制；秋分之后，太阳照射北半球时间减少，北京主要受大陆高压控制，以偏北干冷气流为主。

也就是说，只有在北半球的热量收支大体平衡时，北京才不会出现特别炎热或者特别寒冷的情况。而热量收支平衡的时段只有春分、秋分前后的很短时间，也就是春天和秋天。

因此，干冷的冬季和湿热的夏季才是北京的常态，而舒爽宜人的春秋季则只是冬夏交替的过渡季节。

金秋时节
天高气爽
冷暖适宜
1

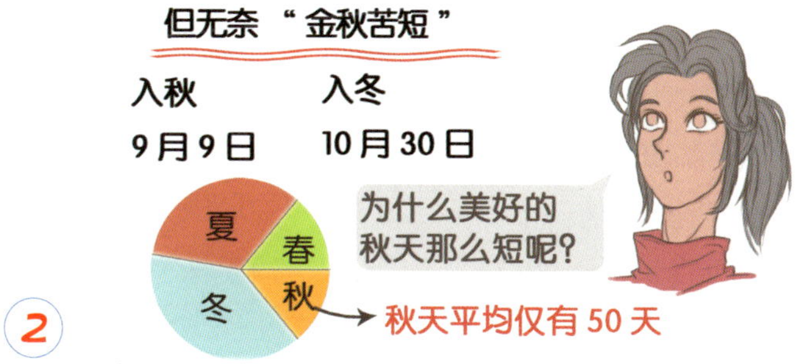
但无奈“金秋苦短”
入秋
9月9日
入冬
10月30日
为什么美好的
秋天那么短呢?
夏
春
冬
秋
秋天平均仅有50天
2

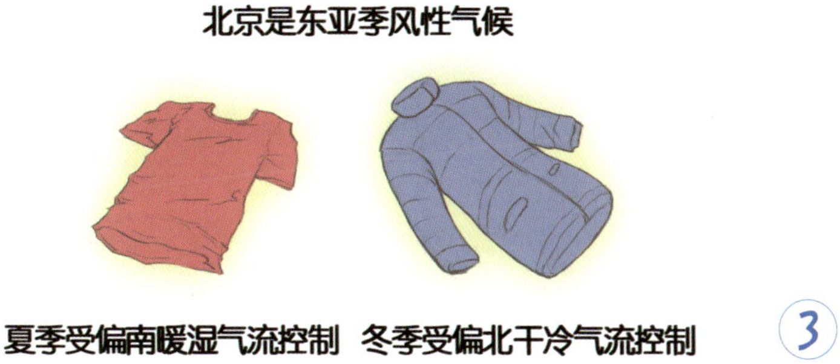
北京是东亚季风性气候
夏季受偏南暖湿气流控制
冬季受偏北干冷气流控制
3

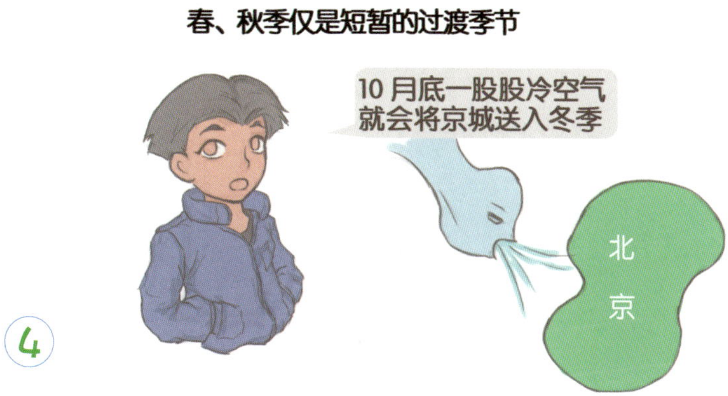
春、秋季仅是短暂的过渡季节
10月底一股股冷空气
就会将京城送入冬季
北
京
4

3.13 北京元旦天气之“最”

由于人类焚烧化石燃料产生温室气体，全球气候变暖已是不争的事实。相关学者在 2015 年末的巴黎气候变化大会上明确提出把全球气温增幅控制在 2 ℃之内作为目标，然而实现起来困难却很大。

作为超大城市，北京的热岛效应进一步增加了城市的气温。就在 2014 年元旦，南郊观象台 14 时 44 分的气温达 12.8 ℃，是 1951 年建站以来的最高值，2014 年 1 月 1 日也成为北京历史上“最热的元旦”。

这里就进一步回顾一下北京元旦其他之“最”。

有了“最热”自然会有“最冷”。1966 年 1 月 1 日凌晨最低气温低至 -16.6 ℃，是“最冷的元旦”；而第二冷的元旦则出现在 1953 年，最低气温 -16.2 ℃。

北京冬季干燥，1991 年元旦的最小相对湿度仅有 3%——同撒哈拉沙漠几乎差不多。

相对应地，“湿润”的元旦也有一些，而冬季的降水自然就是下雪啦，银装素裹的京城必然是大家都喜爱的美景，如果元旦能下雪那就是再好不过的了。可是 1951 年以来，只有 1980 年、1987 年的元旦南郊观象台观测到降雪。其中 1980 年的降水量仅有 0.1 毫米——大约是地表勉强见白的程度。但 1987 年 1.3 毫米的降水量则可以让京城银装素裹，称为“最浪漫”的元旦也不为过。

2014 年的元旦，北京南郊观象台 14 时 44 分气温 12.8℃，成为 1951 年以来最热的元旦

1

最冷的元旦出现在1966年,最低气温为– 16.6 ℃。第二冷出现在1953年，最低气温为– 16.2 ℃

2

最干燥的元旦出现在 1991 年，当天最小相对湿度仅有 3%

3

北京历史上仅有 1980 年和 1987 年的元旦有降雪。考虑到降雪量，也只有 1987 年的 1.3 毫米降雪能让京城银装素裹，称得上“最浪漫”的元旦

4

3.14 你知道北京的“回流降雪”吗

2011年12月29日早高峰，北京迎来了一场出乎意料的降雪。之所以说“出乎意料”，是因为几乎所有的天气预报部门都没有预报出这样一场降雪过程。而且，这场雪同大家通常所知晓的雨雪天气有些不同，降雪云团并不是从河北西部地区逐步向北京移动，而是首先在北京西山以东的平原地区开始降雪，随后降雪影响范围再逐渐向东扩大，影响全市。

这场降雪其实是典型的、北京特有的“回流降雪”天气，预报难度大，很容易漏报。那么，究竟“回流降雪”是怎么形成的呢？

“回流降雪”——“降雪”很好理解，“流”表示的是气流，关键就在于“回”这个字——“回流”，难道是气流又回来了？

没错，“回流”确实指的是气流又回来了。我们知道，北半球大气是自西向东运动的，气团移动到下游，就很难再回来了——除非前进的道路被挡住，不得已只能回头。

北京以北（北纬45°附近）的西风气流，从河北、内蒙古一带穿过后，下一站就是东北地区，途经东北平原后，迎来了一座大山——长白山脉。如果这股气流势力很强，就可以翻越长白山脉，继续向东移动。可一旦强度不足以翻越长白山，气流会怎么运动呢？

如果可能的话，请翻开我国的地形图，长白山脉的西南角正对着华北平原。冬季，东北上空盘踞着冷高压，它既降低了气流的温度，也阻止气流沿长白山东北一线移动。因此，那股不太强的气流首先变成冷空气，然后沿着长白山的西南一线向华北平原“回流”了。

在冷空气移向华北平原的过程中，还会途径渤海湾，这样，这股气流进一步转化为湿冷空气。

但我们知道，湿冷空气本身并不一定会带来降雪，还需要一定的抬升机制——水汽凝结形成雨滴，外界气温低，便以雪的形态落下。

冷空气在华北平原一路上都找不到抬升条件，直到来到北京——这股冷空气已经从最初的西风气流变为东风气流——北京的西山（太行山脉）成为它前进路上的阻碍，也提供了降雪形成的“抬升机制”。湿冷空气需要翻越太行山，随着高度增加，湿冷空气所蕴含的水汽便开始凝结，周围的气温又在0℃以下，降雪便首先出现在太行山以东的平原地区。

随后，一些不足以翻越太行山的支流再次折返，向东移动，和向西前进的“大部队”相遇，降雪便逐渐向西发展。

这就是北京特有的“回流降雪”，同地形的联系十分紧密，也导致了预报这类降雪难度很大。

什么是“回流降雪”呢？

1

2

冷空气强度不足以翻越长白山脉，只能向西南方向移动

北京正好在长白山脉的西南方

冷空气强度又不足以翻越北京西部的太行山脉

3

4

冷空气途径渤海湾，带来充足水汽，给北京带来降雪

3.15 为何夏季有冰雹而冬季飘雪

冰雹和雪，两种最常见的固态降水，其本身温度也低于 0 ℃，但冰雹主要出现在夏季，雪主要出现在冬季，这是为什么呢？最主要的原因在于雪和冰雹的形成机制不同。

降雪和降雨所需要的条件基本一致：云中的冰晶或水滴相互吸附碰撞，体积越来越大，当空气浮力无法再托住它们时，便会从云中落下。如果冰晶下落过程中周围气温较低，落到地面无法融化，那么便形成降雪；反之，如果下落过程中气温较高，形成的则是降雨。而“下落过程气温低”的要求，基本只会在冬季发生，因此冬季多降雪。

但是冰雹则不同，形成冰雹的一个重要条件就是“强烈的上升气流”。如果把冰雹切成薄片，放到显微镜下观察，可以看到冰雹内部构造很不均匀，冰雹的中间有一个核，叫雹核。雹核在对流云含水量多、温度不太低的区域与过冷水滴碰并，长出一层透明的冰层。冰雹云中的上升气流将其托入含水量较少的低温区，这里主要由冰晶、雪花和少量过冷水滴组成，雹核与它们黏并冻结就长出一层不透明的冰层。这时冰雹已长大，当低温区的上升气流不足以支撑不停增大的冰雹时，冰雹便在上升气流里下落，并在下落过程中继续合并冰晶、水滴而生长。如果遇到另一股更强的上升气流，那么冰雹又会再次上升，重复上述生长过程。这样冰雹就一层透明一层不透明地增长，最后，当上升气流支撑不住冰雹时，它就从云中落下来，成为我们所看到的冰雹了。

降雪只需要气温够低即可

夏天很热为何有固态降水——冰雹呢？

冰雹的形成机制就像滚元宵

元宵馅：冰雹核心由冰晶和过冷水滴组成

糯米粉：积雨云中的水滴和冰晶

滚动的力量：积雨云中的上升气流

3

4

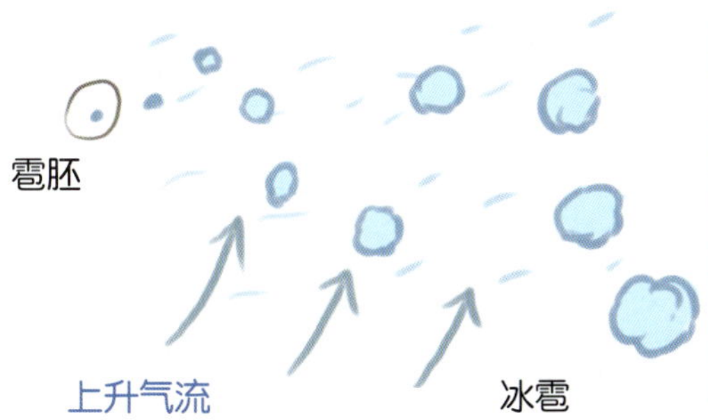

冰雹形成后下落速度远高于雪花
即使夏天天气很热，也不足以使之在空中融化
(如左图示例)

3.16 降雪量和积雪深度的区别

一次降雪过程结束，天气预报在总结时会说："此前过程降雪量是 xx 毫米"，注意单位是毫米。但我们到外面走走，踩下去松松软软的，有的地方雪可都没过了脚脖子呀，这降雪量起码也应该是以厘米为单位。大家怀疑难道是气象部门测量错了？当然不是！下面我们来说一说降雪量和积雪深度的区别，你就知道了。

降雪量实际是指相应的降水量，单位为毫米。观测员用统一标准的容器收集雪，雪融化成水后，再用量筒测量出水量。

积雪深度是从积雪表面到地面的垂直深度，单位为厘米。选择观测场内或观测场附近平坦、开阔的地方，观测员用量雪尺（普通的直尺也可以）垂直插入未融化的雪中，刻度上的数字就是积雪深度。

每次降雪由于含水量不同，温度条件不同，积雪深度也不相同。一般而言，当降雪落地后无融化，在北方地区降雪量为 1 毫米时，可形成的积雪深度有 8～10 毫米，在南方地区积雪深度有 6～8 毫米。

随着科技不断发展，自动观测设备逐渐取代了人工观测。称重式降水传感器可以自动测出降雪量。超声波雪深探测仪利用超声测距，可以对雪深进行自动、连续地观测，从而使得观测数据更加准确、连续。

此次过程降雪量
是10毫米
是10厘米吧
1

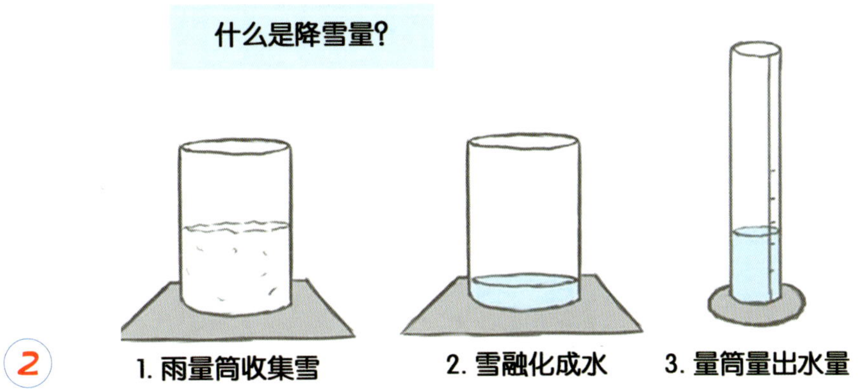
什么是降雪量？
2
1. 雨量筒收集雪
2. 雪融化成水
3. 量筒量出水量

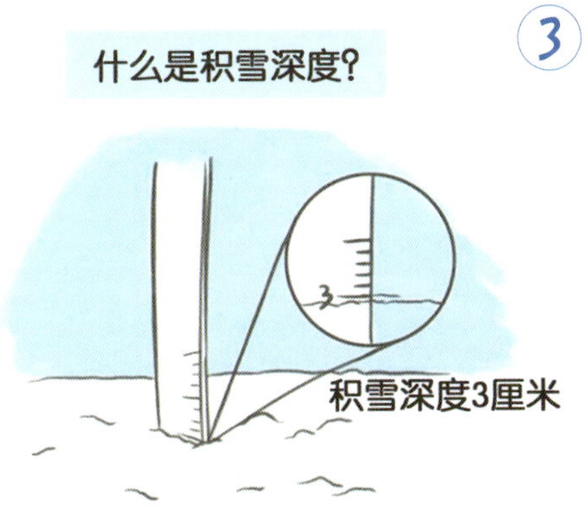
3
什么是积雪深度？
积雪深度3厘米

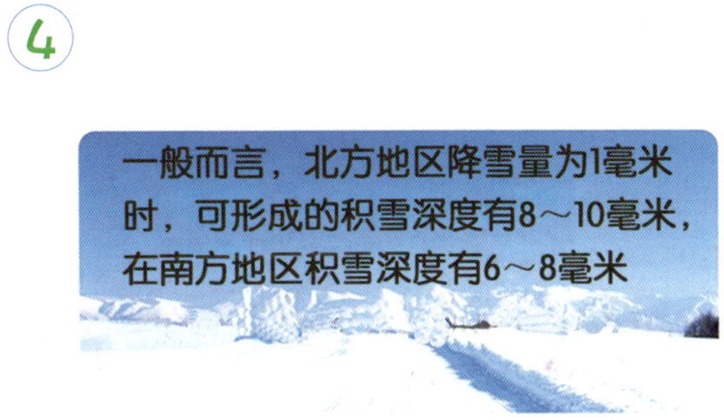
4
一般而言，北方地区降雪量为1毫米时，可形成的积雪深度有8～10毫米，在南方地区积雪深度有6～8毫米

第四章

环境气象

4.1 霾的成因

“霾”这个词已经不再让人陌生了，可您知道霾具体的成因么？霾的形成主要是空气中悬浮的大量微粒和气象条件共同作用的结果，其成因有三：

一是水平方向上静风现象增多。城市里大楼越建越高，阻挡和摩擦作用使风吹向城区时明显减弱。静风现象增多，不利于大气中悬浮微粒的扩散稀释，容易在城区和近郊区周边积累。

二是垂直方向上出现逆温。对流层大气主要通过吸收地表辐射而提升温度，所以越接近地表，气温越高。但在有些特殊情况下，会出现高度越高，气温也越高的现象，气象中称之为“逆温”，出现逆温的大气层被称为“逆温层”。由于冷空气比热空气“重”，在逆温状态下，越靠近地表，气温越低，空气团就越“重”，而整个大气层就形成了“头轻脚重”的状态。

在这样的状态下，大气层结稳定（可查阅 3.3 节相关内容），不易发生大气上下翻滚、对流的现象，进而会使低层特别是近地面层空气中的污染物和粉尘堆积，增加大气低层和近地面层污染程度。

通俗地说，“逆温层”就像一层厚厚的被子盖在地面上空，使得大气层低空的空气垂直运动受到限制，污染物不能向上扩散，“无路可走”又向下蔓延，即空气中悬浮微粒难以向高空飘散而被阻滞在低空和近地面层，从而形成了“霾”。

三是空气中悬浮颗粒物的增加。随着城市人口的增长和工业发展、机动车辆猛增，排放的污染物大量增加。

1

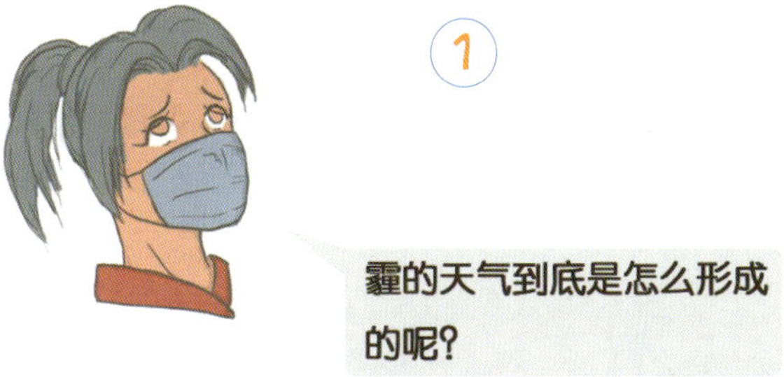

2

空中悬浮颗粒物增加

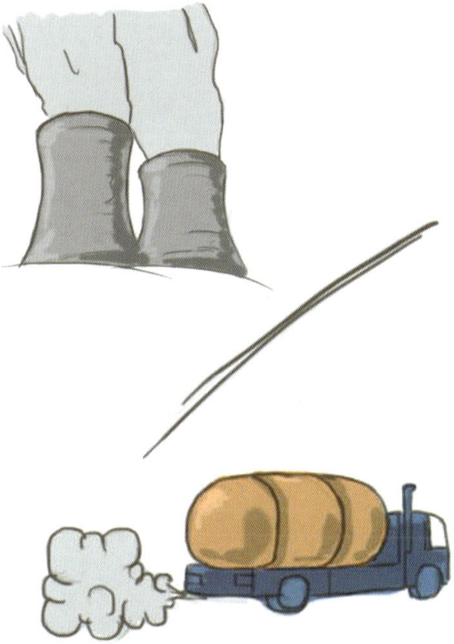

3

风吹向城市减弱，不利于污染物扩散

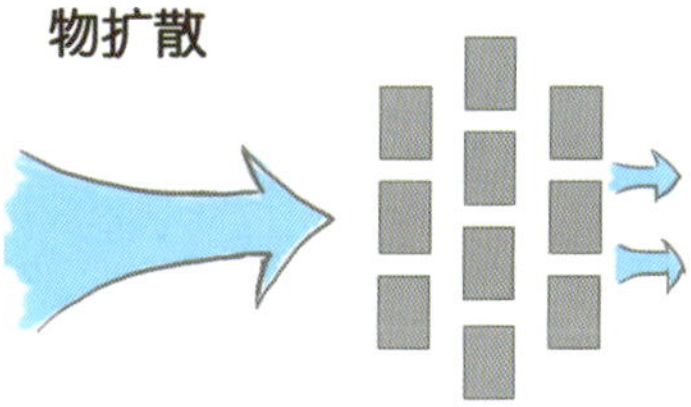

4

逆温层就像被子，限制污染物的扩散

4.2 雾的成因

雾是一种比较常见的天气现象，它的发生除与天气系统关系密切外，还与下垫面及地形等有很大的关系。形成雾的气象条件有三个：一要水汽充足，即大气中水汽含量达到90%以上，并且伴有冷凝，从而产生雾滴；二是近地层空气形成下冷上暖的稳定层，或称逆温层，空气流动性差；三是要有微风。因此，雾一般出现在晴朗、微风、近地面水汽比较充沛且比较稳定的夜间和清晨。

按照雾的成因，常见的雾有如下四种：

辐射雾：由于夜间地表面的辐射冷却而形成的雾，多出现于晴朗、微风、近地面水汽比较充沛且比较稳定或有逆温存在的夜间和早晨。

蒸发雾：指冷空气流经温暖水面，如果气温与水温相差很大，因水面蒸发，上空含有大量水汽，遇冷空气水汽凝结而生成的雾。

平流雾：当暖湿空气流经较冷的下垫面上，下部冷却而形成的雾。平流雾和空气的水平流动是分不开的，只要持续有风，雾才会持续长久。如果风停下来，暖湿空气来源中断，雾很快就会消散。

地形雾：湿润空气流动过程中沿着山坡上升时，因绝热膨胀冷却而形成的雾，多见于山中。

要有微风

逆温层空气上暖下冷，大气稳定

逆温层:
一般在低层大气中,气温是随高度的增加而降低的。而有些情况下气温随高度的增加而升高,这种现象称为逆温。出现逆温现象的大气层称为逆温层

1 2

3 4

相对湿度90%以上

根据成因不同，雾的种类有很多

辐射雾

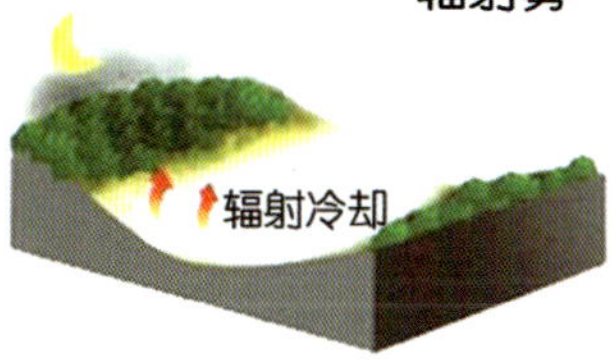

蒸发雾

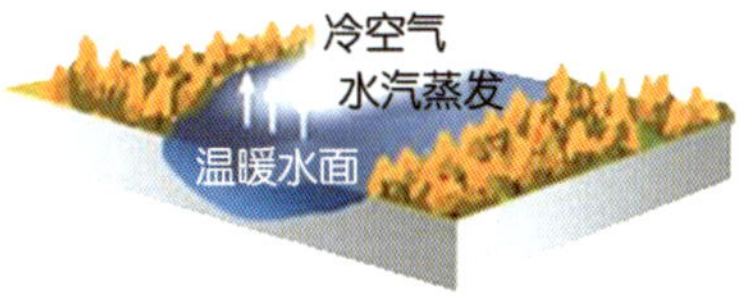

平流雾

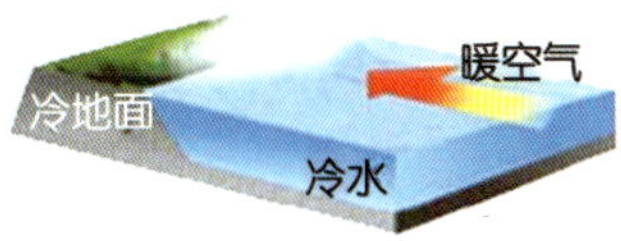

地形雾

4.3 如何区分雾和霾

前面我们说了雾和霾的成因，那么，究竟如何区分雾和霾呢？

雾和霾都是能见度较低的天气现象，雾是近地面的空气层中悬浮着大量微小水滴（或冰晶），使水平能见度小于1.0千米的天气现象；霾是大量极细微的干尘粒等均匀地浮游在空中，使水平能见度小于10.0千米的空气普遍浑浊现象。

雾与霾的最主要的区别包括：

能见度不同。雾的水平能见度小于1.0千米，霾的水平能见度小于10.0千米。

相对湿度不同。雾出现时相对湿度很高，而霾出现时相对湿度较低。

出现的时间不同。雾一般午夜至清晨最易出现；霾的日变化特征不明显，当气团较稳定时比较容易出现。

那么，有没有什么简单的方法区分雾和霾呢？有一个相对简单的办法：那就是看颜色。一般来说，雾呈乳白色、青白色，而霾则是黄色或橙灰色。此外，霾还会使远处光亮物体微微带上黄、红色，使黑暗物体微微带上蓝色。

由于工业污染的原因，大多数情况下难以单纯地区分雾和霾，更多的是一种雾和霾混合的状况。但无论如何，减少废气排放、采取绿色环保的生活方式必然有助于减少雾和霾的出现。

1

首先 本质上

雾是水汽凝结物

霾是大量极细微的尘粒

雾由小水滴或小冰晶构成，呈乳白色

霾由大量极细微的干尘粒构成，使空气混浊

2

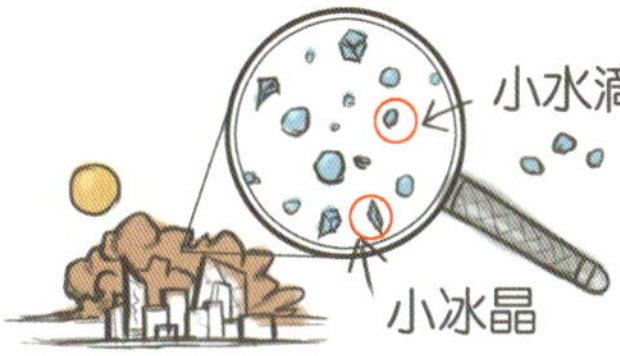

这是雾

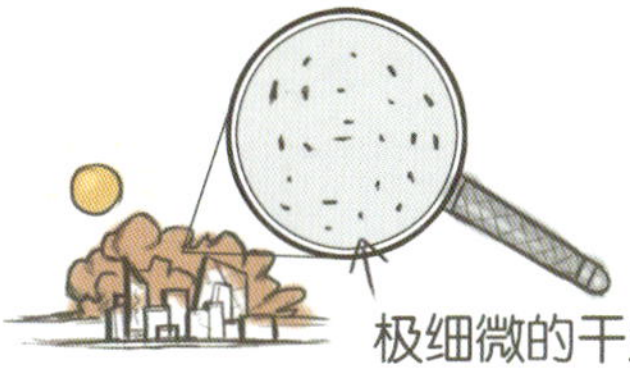

这是霾

3

其次 能见度不同

雾的能见度小于 1.0 千米

霾的能见度小于 10.0 千米

示例效果，非实际拍摄！

4

如何区分雾和霾

雾一般呈乳白色或青白色

霾通常呈黄色或橙灰色

4.4 霾和沙尘暴的区别

2015 年 4 月 16 日，北京遭遇沙尘暴，整个京城的上空一片黄黑色，很多地标性建筑被完全“淹没”。近年来，霾多了，沙尘暴少了，是不是像有些朋友说的“沙尘暴变成了霾”呢?

霾和沙尘暴是两种不同的天气现象，不存在“沙尘暴变成了霾”的说法。那么，二者究竟有何区别呢?

首先，主成分不同。霾中含的是悬浮在大气中的大量微小尘粒、烟粒或盐粒的集合体，而沙尘暴所含的大气颗粒物主要是粗颗粒，即霾中所含的颗粒物比沙尘暴要小，更通俗的说法是，霾天气下的首要大气污染物是细颗粒物（$PM_{2.5}$），而沙尘暴天气下的首要污染物则是可吸入颗粒物（PM_{10}）。

其次，出现的气象条件不一样。霾天气出现的气象条件是大气静稳，空气流动性差，大气中的污染物无法扩散。沙尘暴出现的气象条件是大气不稳定，大风将沿途沙漠地表的大量沙尘吹起，将其输送到较远的地区，由于沙尘颗粒大，传输过程中有沉降，沿途地区就出现了沙尘暴天气。

最后，二者出现的时间有差别。沙尘暴天气有较强的季节性，主要出现在春季，而霾天气一年四季都可以出现。

霾和沙尘暴有什么区别呢?

1

2

主要成分不同

3

出现的气象条件不同

霾：大气静稳，空气流动性差

沙尘暴:大气不稳定，大风将沿途沙漠地表的沙尘吹起，输送过程中沉降

4

出现时间不同

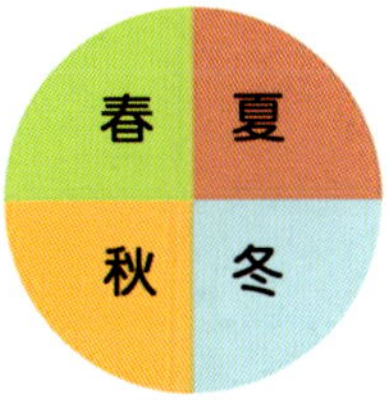

霾四季均可出现

沙尘暴主要发生在春季

4.5 霾和空气质量

霾天里，经常有朋友抱怨气象部门：“明明空气已经浑浊不堪，空气质量差，重度污染，结果气象局还说是‘轻度霾’。”其实，霾和空气质量级别的判定是有很大差异的。

首先，霾是一种天气现象，判定霾的程度仅取决于能见度。而被大家所诟病的“轻度霾”，能见度为 3～5 千米，这是霾天气发生初期常见的能见度。

另一方面，描述空气质量则是采用空气质量指数（Air Quality Index，简称 AQI），参与空气质量评价的主要污染物为细颗粒物（$PM_{2.5}$）、可吸入颗粒物（PM_{10}）、二氧化硫（SO_2）、二氧化氮（NO_2）、臭氧（O_3）、一氧化碳（CO）六项。通过各污染物的实测浓度值计算出空气质量分指数（Individual Air Quality Index，简称 IAQI）。而各项污染物的 IAQI 中选择最大值即为当天的空气质量指数 AQI。

因此，霾的等级和空气质量的等级所采用的完全是两个不同标准。空气质量差，污染物浓度高，并不一定会带来很低的能见度。而污染物浓度的增加和能见度的降低也不仅仅是单纯的线性关系，有可能污染物浓度急速增加的同时，能见度降低并不显著。因此，空气质量等级和霾的等级并不是一一对应的。

1

2014年3月27日照片

2

霾的分级取决于能见度

能见度3～5千米
轻度霾

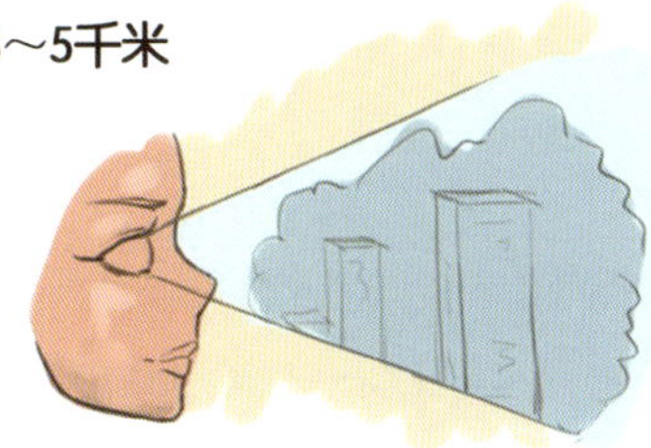

3

空气质量由AQI指数确定

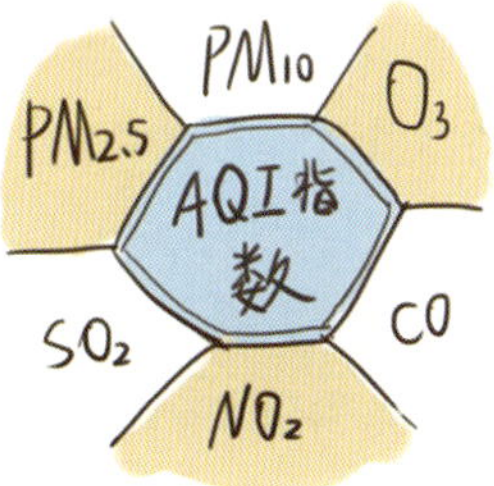

4

霾的分级

霾	能见度
轻微	5～10千米
轻度	3～5千米
中度	2～3千米
重度	＜2千米

空气质量的分级

空气质量	AQI指数
优	0～50
良	51～100
轻度污染	101～150
中度污染	151～200
重度污染	201～300
严重污染	>300

4.6 雾和霾为何秋冬季多发

秋冬季为雾和霾多发季节。而特定季节的气象条件是导致雾和霾天气多发的重要原因。

具体原因如下：

一、近地层空气流动性较差是雾和霾形成的重要原因。夏季，多强对流活动，空气流动性较强，不利于雾和霾的形成。而秋冬季节近地层空气流动性较弱，有利于雾和霾的形成。大风天气一方面不利于近地层空气层结的稳定，另一方面大风有利于驱散雾和霾。1961 年以来，我国中东部平均风速呈现显著减小的趋势，其中春冬季减小最明显，其次是秋季。这是近年来我国秋冬季雾和霾天气增多的一个重要背景。

二、秋冬季节是冷空气活动频繁的季节，而冷空气活动频繁不利于雾和霾的出现。近年来，秋冬季节冷空气过程的减少也是造成近年我国雾和霾频发的一个重要原因。1961 年以来，冬季和秋季冷空气过程均呈减少的趋势。

三、降雨、降雪对大气中的雾和霾能起到清除和冲刷作用。夏季多降水天气，不利于雾和霾的出现，而秋冬季降水日数偏少，有利于雾和霾的出现。统计显示，1961 年以来，秋季和冬季降水日数呈减少趋势。

四、霾发生时的天气条件特点是气团稳定、较干燥，秋冬季满足这样的天气条件日数多。分析发现秋冬季节湿度小，且近 50 年来，秋季空气湿度呈显著下降趋势，秋冬季节显现越来越干燥的迹象，这有利于霾日的增加，雾日的减少。

秋冬季雾和霾天气开始增多

1

2

夏季

多强对流活动，空气流动性较强

秋冬季

秋冬季空气流动性较弱，不利于雾和霾的驱散

3

冷空气少了，雾和霾天气就多了

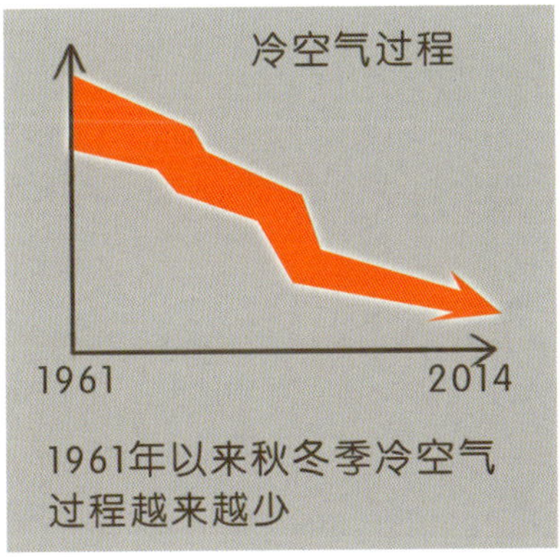

1961年以来秋冬季冷空气过程越来越少

4

夏季

降水多不利于雾和霾的出现

秋冬季

天气干燥，降水少，有利于雾和霾的出现

4.7 什么是“团雾”

2015年12月6日，G15沈海高速盐城滨海段发生3起车辆相撞事故，共造成3人死亡3人受伤。而造成这场交通事故的罪魁祸首竟然是“团雾”。那么什么是“团雾”呢？它的危害怎会如此之大？

“团雾”出现在大雾中数十米到上百米的局部范围内，雾气更浓，能见度更差，受局部地区微气候环境的影响。当低层水汽条件比较好的时候，局部水汽受辐射降温易引起团雾。它的特点是：团雾内一片朦胧，团雾外视线良好。因此，“团雾”若发生在高速公路上，则容易造成重大交通事故。团雾经常发生在高速公路上，一是因为高速公路路面白天温度较高，昼夜温差较大，局部辐射降温明显。二是因为公路附近污染物颗粒增加，如秋季秸秆焚烧、工业粉尘污染、汽车尾气排放等，空气中微小颗粒的增加更有利于形成团雾。此外，处于低洼地段的路段更容易形成团雾。

由于发生“团雾”的区域性强，以目前的天气预报技术很难对“团雾”进行准确预报。因此，在高速公路上行驶需格外注意。

XXX高速16车相撞，XX人死亡，事因团雾
什么是团雾啊?
1

2
团雾内四周朦胧
团雾外视野清晰

突发性
局地性
3

4
提示：秋冬季，晴朗的夜间或清晨行车要提高警惕，加大车距

4.8 “负离子”是什么

存在于空气中的负离子被誉为“空气中的维生素”，其浓度值是当前国际上表征空气清新程度的评价指标之一，对人体健康具有重要意义。在生活中，我们也常常会听到“负离子”一词，那么，什么是“负离子”呢？空气中的气体分子（电中性）受到外界因子的作用发生电离，其外层电子摆脱原子核的束缚从轨道中跃出，气体分子失去了电子就成了“正离子”，所跃出的电子被中性物质捕获，就带了负电性，也就是“负离子”。

那么，在自然界中，有哪些作用可以产生负离子呢？①紫外线、宇宙射线、放射物质、雷雨、风暴、土壤和空气放射线的作用，使气体分子发生电离产生电子，与空气中的中性分子结合，成为负离子。②瀑布冲击、细浪推卷、暴雨跌落等自然过程中，水在重力作用下高速流动，水分子裂解而产生负离子。③森林的树木、叶枝尖端放电及绿色植物光合作用形成的光电效应，使气体电离而产生负离子。看了以上三条，想必你也知道了什么地方负离子含量会比较多了吧？对了！就是森林、草原、海滨、瀑布周围！

那么，负离子含量和气象条件又有什么关系呢？研究发现，日平均风速在一定程度上反映了空气清洁度，太阳辐射为产生负离子提供了能量来源，因此，二者与空气中的负离子浓度呈正相关。雷阵雨或中雨以上的雨日出现后的第一二天，空气中负离子浓度明显增大。空气相对湿度偏高（无降水），通常预示着空气不洁净，与空气中负离子浓度呈负相关。从负离子存活角度看，若环境浮尘多，负离子就会吸附在浮尘上，变成中重离子而沉降消失。因此，沙尘天气对负离子的存活十分不利。

在北京这样的大都市里，提高负离子含量最简单有效的办法就是多种一些绿色植物，点滴小事从身边做起，需要大家一起努力。

1

原理

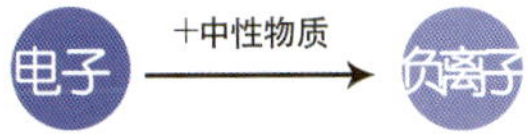

2

自然界可以产生负离子

森林

瀑布

雷雨天气

3

负离子浓度和气象条件的关系

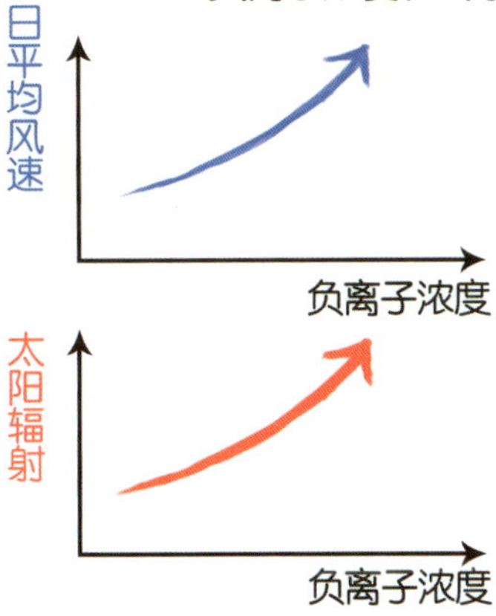

雨后

4

气象指数

今天的空气负离子指数是1。负离子含量高，气象条件非常有利于负离子的产生与存活

点滴小事
从身边做起

第五章

气象与健康

5.1 $PM_{2.5}$对健康有何影响

$PM_{2.5}$，一个近些年被炒得火热的名词，作为空气动力学直径≤2.5微米（1微米相当于1米的一百万分之一）的细颗粒物，$PM_{2.5}$易携带大量有毒有害物质，经呼吸道进入人体肺部深处及血液循环，对人体产生较大危害。北京大学公共卫生学院郭新彪教授及其团队研究了大气$PM_{2.5}$对人体健康方面的影响，这里就向大家介绍一下他们的主要研究成果。

$PM_{2.5}$影响人体健康首先是损害呼吸系统。进入呼吸道的大气颗粒物可以刺激和腐蚀肺泡壁，使呼吸道防御机能受到破坏，肺功能受损，咳嗽、咳痰、喘息等发生率增加，慢性支气管炎、肺气肿、支气管哮喘等的发病率增加，儿童更易受到影响。法国进行的一项对6城市5000多名10岁左右的小学生进行的有关哮喘及过敏症状发生的调查发现，在高污染区运动诱发支气管炎、遗传性过敏性皮炎、哮喘、遗传性过敏性哮喘的患病率均明显高于低浓度区。

其次是$PM_{2.5}$对心脑血管疾病方面的影响。美国在20世纪即进行过两次研究。其中，1982—1998年间对50万人的跟踪调查结果表明，$PM_{2.5}$每上升10微克/米^3（1微克相当于1克的一百万分之一），将会导致人群总死亡率上升4%，心肺疾病发病率增加6%。另一次研究的时间在2000—2003年，研究对象则是全美有医保的老年人，研究发现，$PM_{2.5}$每上升10微克/米^3，心梗、冠心病、先天性心脏病的发病概率将分别增加2.25%、1.89%、1.85%。可以说，$PM_{2.5}$浓度的增加会显著提升心脑血管疾病的发病率。

$PM_{2.5}$同样会危害神经系统。学者们认为颗粒物会通过以下两种途径对神经系统的造成损害：一种是颗粒物进入中枢神经系统引起直接损害，另一种是颗粒物引起的系统炎症反应导致的间接损害。当长期呼吸高浓度污染物时，细小的颗粒物有可能在脑内沉积，进而引发各类神经系统疾病。

最后，$PM_{2.5}$有可能引起遗传性疾病。由于$PM_{2.5}$包含多种致癌性物质，可对DNA产生毒性作用，对DNA造成氧化性损伤，导致DNA链断裂或其他氧化性损伤，引起胎儿畸形等问题。

以上内容仅仅是$PM_{2.5}$影响人体健康的一小部分问题。只有所有人都行动起来，才能从根本上控制大气$PM_{2.5}$污染，保护环境，人人有责。

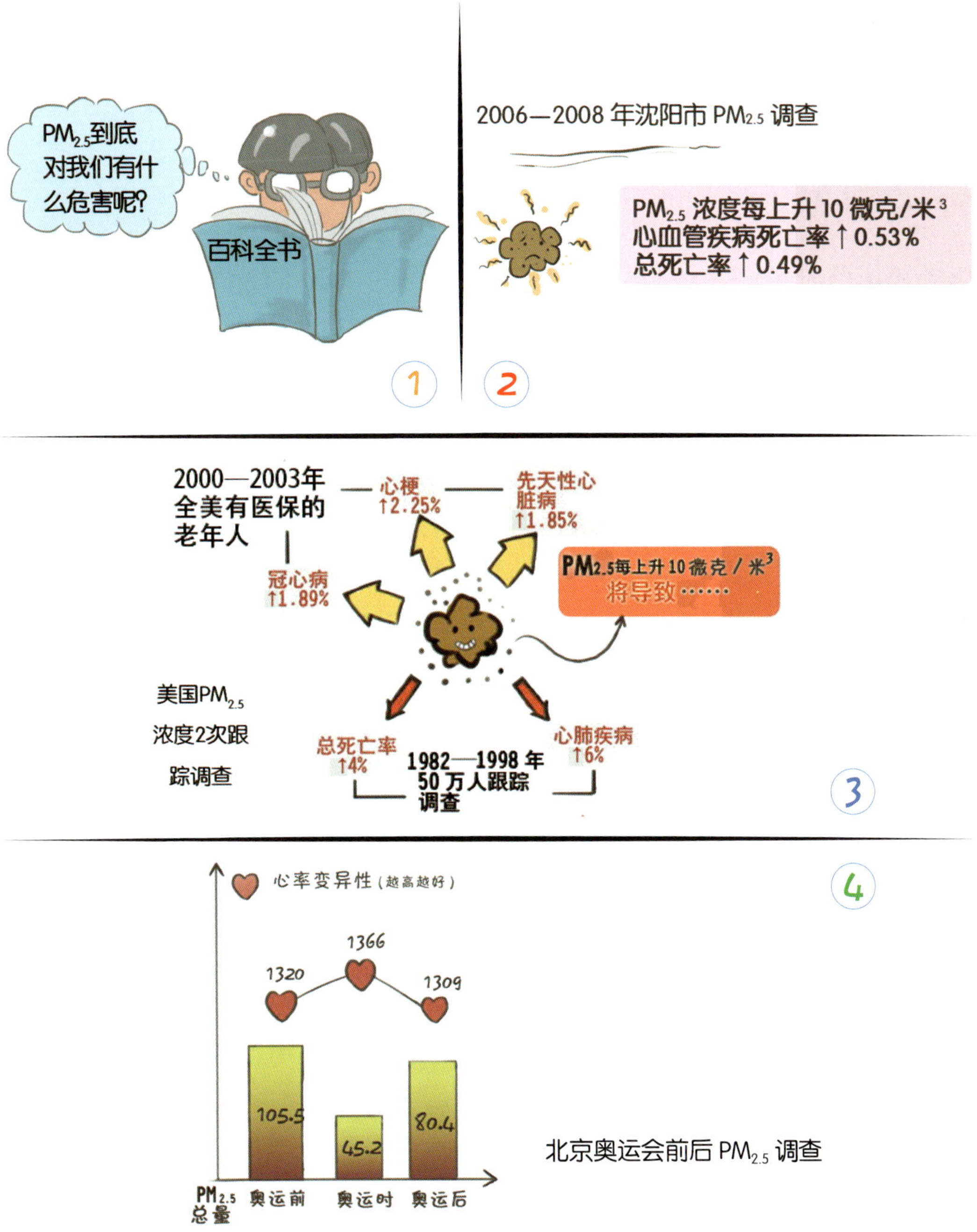
$PM_{2.5}$到底对我们有什么危害呢?
百科全书
1
2006—2008年沈阳市$PM_{2.5}$调查
$PM_{2.5}$浓度每上升10微克/米^3
心血管疾病死亡率↑0.53%
总死亡率↑0.49%
2
2000—2003年全美有医保的老年人
心梗 ↑2.25%
先天性心脏病 ↑1.85%
冠心病 ↑1.89%
$PM_{2.5}$每上升10微克/米^{3}将导致……
美国$PM_{2.5}$浓度2次跟踪调查
总死亡率 ↑4%
心肺疾病 ↑6%
1982—1998年50万人跟踪调查
3
4
心率变异性(越高越好)
1320
1366
1309
105.5
45.2
80.4
$PM_{2.5}$总量
奥运前
奥运时
奥运后
北京奥运会前后$PM_{2.5}$调查

5.2 春秋季为何过敏性鼻炎高发

春季，百花盛开；秋季，万物收获。这样两个气候宜人的季节里，也会遇到一些小问题，比如过敏性鼻炎。那么为什么过敏性鼻炎在春秋季高发呢？

这一切和气象因素息息相关！

首先，引起过敏性鼻炎的一大元凶——花粉，在春秋季的浓度最高。就北京地区而言，春季乔木植物（柏科、松科）开花，花粉浓度达到一个峰值；秋季，草本植物（葎草科、豚草科）开花，花粉浓度再次达到峰值。那么，想必会有朋友提出疑问：夏季植物开花也很多，为何花粉浓度不高呢？因为春秋季植物主要靠风传播花粉，花粉颗粒小，致敏性强，而夏季开花的植物，主要靠昆虫传播花粉，花粉颗粒大，致敏性弱。

其次，春秋季干燥少雨，经常出现日最小相对湿度在15%以下的“干燥日”，这会进一步加大空气中的花粉浓度。花粉授粉期如遇阴雨连绵，会把散布在空气中的花粉清洗干净，不利花粉的传播。但在晴天少云、气温相对较高、空气较干燥的天气里，风力相对较大，有利于花粉在空气中传播。

最后，春秋季是气候转化的季节，气温多变，忽冷忽热，昼夜温差大，造成人体抵抗力下降。同时，春秋季相对干燥，鼻黏膜容易受到损伤，二者的共同作用导致人体更易受过敏性鼻炎的困扰。

那么，如何防治过敏性鼻炎呢？过敏渠道主要分为四种：接触、吸入、食物、注射。最主要的防治手段是避免接触过敏源。因此，首先需确定过敏源，外出戴眼镜，戴高密度口罩；少在室外停留，尤其是过敏源较多的地方。平时注意饮食，减少高蛋白质、高热量的食物的摄取；坚持锻炼身体，增强自身免疫力。

1

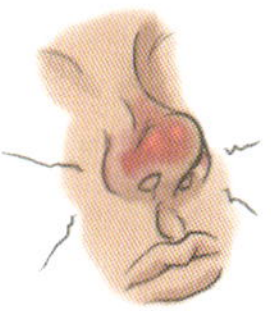

过敏性鼻炎有两大高发期：春季和秋季

why?

这和气象因素联系密切！

2

春秋季干燥鼻黏膜易受损

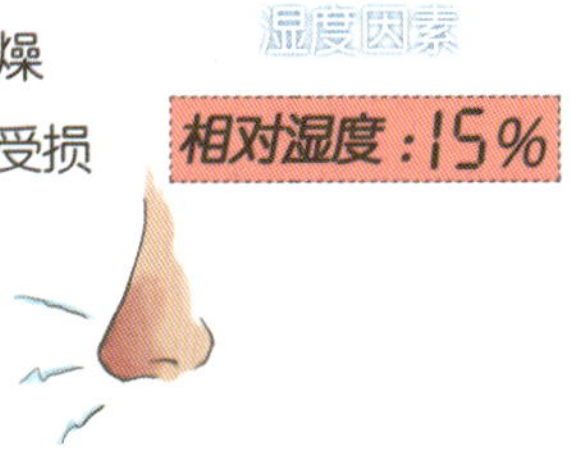

3

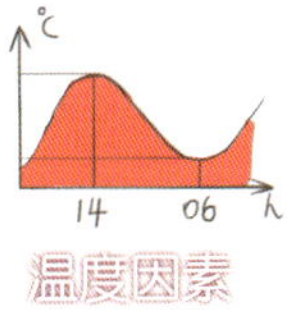

春秋季气温多变，忽冷忽热，人体抵抗力下降

4

春秋季花粉数量多，风力大，更促进了花粉传播

5.3 气温和体感温度的差别

夏季外出时，不少朋友感觉温度远高于天气预报中的气温。这并非气象部门预报失误，而是因为“气温”和“体感温度”本就具有很大差异。

要说明这个问题，我们首先得知道气温是如何测得的。一般情况下，气温的测量要求很高——由有草皮的观测场中，离地 1.5 米高的百叶箱中温度计测得的。

上面简短的一句话却包含了很多信息：“有草皮”要求地表不能是水泥路面，否则反照率、比热容不同，结果差异很大；“气象观测场”要求不能是街道、住宅区或其他场地，要求具有一个符合气象观测条件的环境；“离地 1.5 米高”要求不能太高或太低，否则地表长波辐射、不同高度的风速差异会对气温的测量带来极大影响；“百叶箱”要求不能是在裸露的环境中被太阳直射，同时要求有适当的通风，保证探测仪器可以感知外界环境的变化。

在上述一系列复杂的要求下，测得的空气的温度，才是“气温”，自然和人体感觉到的温度存在很大差异。那么，影响体感温度的要素都有哪些呢？

一、太阳辐射。这是最直观的影响要素。“树荫底下好乘凉”，太阳直接辐射会使物体温度升高，这是十分浅显的道理。由于百叶箱避免了太阳直射，因此，“气温”的测量结果几乎无法反馈太阳直接辐射带来的影响。而太阳直射所带来的体感温度差异，一般可以到达 6 ℃以上。如果阳光十分充足，光照十分强的话，10 ℃以上的温差也是可以轻易达到的！

二、相对湿度。夏天，人体排热主要依靠汗液的蒸发。湿度越大，汗液越难以蒸发，人体感觉越热。冬天，越高的湿度说明人体周围空气中的水汽越充足，越容易带走人体中的热量，感觉越冷。这就是湿热湿冷更难熬的原因。

三、风力。同湿度的影响相类似，越大的风力越容易带走人体的热量。因此，夏天无风的时候，人体越容易感觉热。相应地，冬天户外风力越大，热量越容易被带走，人体感觉越冷。

气温 32 ℃，微风条件，相对湿度 90%（这样的天气状况通常发生在降雨前）。在没有太阳直接辐射的情况下，体感温度是 35 ℃！够上高温标准了。

同样 32 ℃的气温，有 3 级风，相对湿度 50%（比如夏末秋初，降水过去后的第二天，有可能出现这样的情况）。在没有太阳直接辐射的情况下，体感温度大约只有 31 ℃！气温相同的情况下，体感温度足足差了 4 ℃！

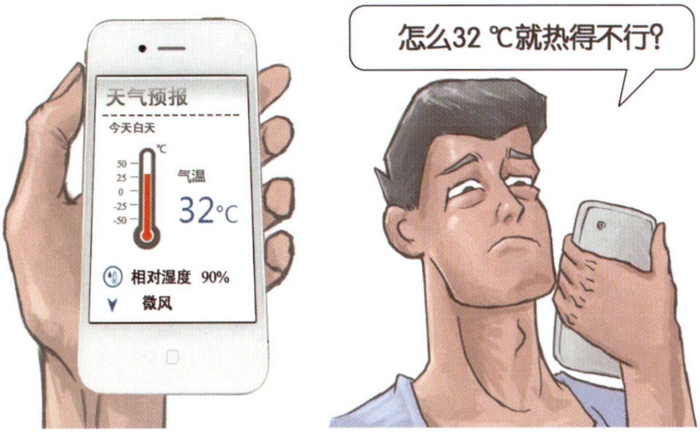

1

2

气温 ≠ 体感温度

气温是由有草皮的气象观测场中，离地面1.5米高的**百叶箱**中的温度计测得的

影响“体感温度”的要素有很多 3

湿度越大越闷热：人体热量散发主要靠汗液蒸发。湿度越大，汗液越难蒸发，感觉越热

风力越小越闷热：风力越小，汗液越难蒸发，人体感觉越热

4

气温：32 ℃

风力：微风	风力：3级
相对湿度：90%	相对湿度：50%
体感温度约：	体感温度约：
35 ℃	**31 ℃**

相差4 ℃！

5.4 人为什么会有高原反应

很多朋友初到西藏时，会产生头晕、呕吐等反应，我们都知道，这是高原反应。那么，为什么人会有高原反应呢？

要说明该问题，首先需要解释一下最基本的气象要素——气压的意义。气压指的是作用在单位面积上的大气压力，在数值上等于单位面积上地表向上延伸到大气上界的垂直空气柱所受到的重力。因此，海拔高度越高，空气柱就越“短”，空气柱受到的重力越小，气压也就越低。气压越低，空气越稀薄，氧气含量也越低。

北京平原地区海拔高度为 10～100 米，青藏高原的平均海拔超过了 4000 米，而且越往高处走，气压就越低。对比北京所处的环境产生了极大的气压差，氧气含量也出现极大差异。这样的情况，人体当然会感觉不适应了，会出现体内缺氧的状态，从而会产生呕吐、耳鸣、头痛、呼吸急迫、食欲不振、发烧、嗜睡等反应，严重者会出现感觉迟钝、情绪不宁、精神亢奋、产生幻觉、痉挛甚至休克等现象。除了高原气压低、缺氧的因素外，恶劣天气如风、雨、雪、寒冷和强烈的紫外线照射等，都可以加剧高原反应。

那么，如何缓解高原反应呢？首先，登山保持步调平稳，视坡度的急缓来调整步伐和呼吸，避免急促的呼吸。其次，要控制攀爬的高度，以适应气压低、空气稀薄的环境。然后，保持充足的睡眠和规律的饮食。最后，必要时可以选择吸氧或服用药物。

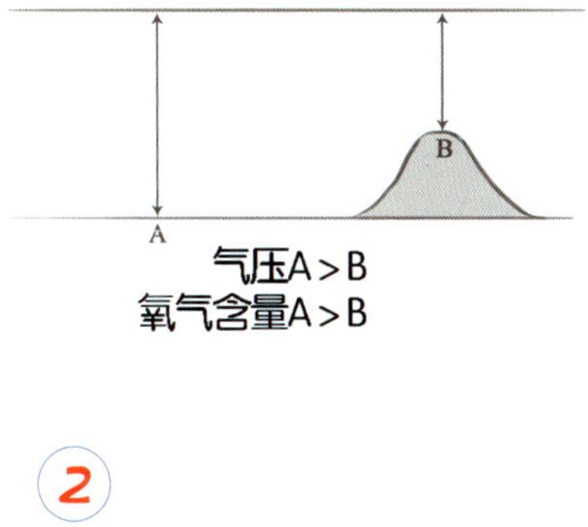

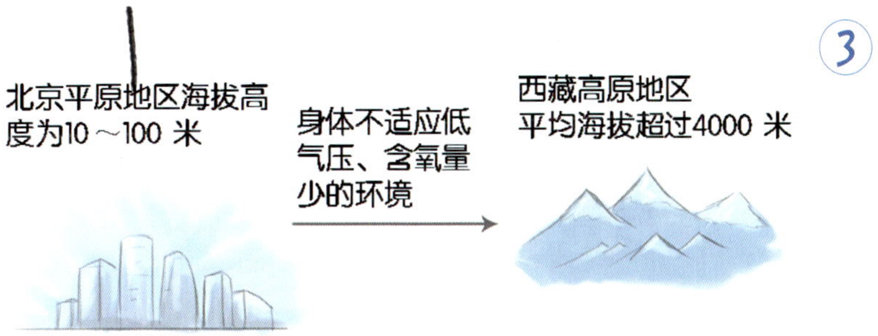

4

如何应对高原反应？

1.登山保持步调平稳，视坡度的急缓调整步伐和呼吸。
2.控制攀爬高度，以适应气压低、空气稀薄的环境。
3.保持充足的睡眠和规律的饮食。
4.必要时可以选择吸氧或服用药物。

5.5 气候变暖会加剧传染病的暴发吗

全球气候变暖，这样一个耳熟能详的名词，似乎距离我们普通老百姓很遥远。但你可能想象不到，气候变暖将会加剧传染病的暴发！这不是耸人听闻，“登革热”之类的名词，不正是在这几年变得广为人知的吗？再说两个吓人的数据：76% 的传染病媒介生物或病原体会受到气候变化的影响，更具体的，有 40% 的传染病在气候变暖的条件下传播得更快！

现在，就让我们具体说明，为什么气候变暖会加剧传染病的暴发。

首先，气候变暖使得大量细菌、病毒等病原体的存活时间延长，感染性增强。最典型的例子就是登革热、乙脑、疟疾等疾病。研究表明，登革热病毒需要在 20 ℃以上的环境下才可以在蚊虫体内复制，而当气温低于 16 ℃时，登革热病毒就不再繁殖了。随着气候变暖，科学家预计到 2100 年时，登革热的传播区域会向气温较低的地区延伸 1600 千米！

类似的，乙脑病毒会在气温低于 20 ℃时失去感染能力，疟原虫（疟疾的病原体）的传播需要气温高于 16 ℃。如果气候持续变暖，到 2100 年，温带地区疟疾的患病人数将会增加 10 倍！

气候变暖也会使得蚊虫等宿主的影响范围扩大，影响时间延长。众所周知，适宜蚊虫活动的气温在 25 ℃以上，随着气候变暖，夏季持续时间变长，影响的地区变大，蚊虫的繁殖环境及活跃时间也随之扩大和延长，给更多的人群带来威胁。同样，血吸虫病等需要依托水体的传染病也出现了影响区域扩大的现象。造成该现象的原因在于气候变暖也使得水体温度升高，延长了钉螺、血吸虫的生长发育季节，也让这些宿主和病原体可以向原本较冷的北方水域“进发”。

最后，气候变暖也进一步增加了极端天气气候事件的发生概率。干旱、洪涝灾害发生后极有可能出现痢疾、霍乱等传染病的暴发，这也是气候变暖增加传染病暴发风险的一个方面。

上面只是简单介绍了气候变暖影响的几种常见传染病，由于篇幅的原因，诸如鼠疫等疾病就不再赘述了。总而言之，气候变暖正在切实影响着我们每一个人的生活。保护环境，低碳生活，最终保护的是我们人类自己。

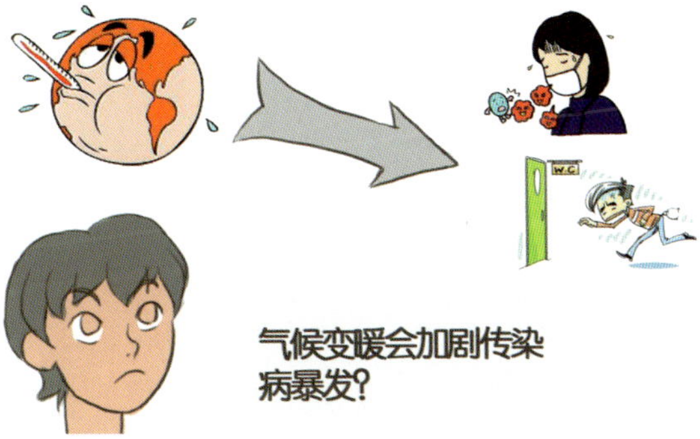

1

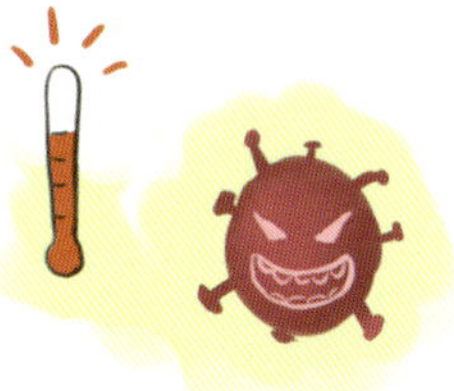

气温26～31℃，乙脑病毒传染性加强

气温升高有利于细菌在外界环境存活

2

3

气温越高，越有利于蚊虫的存活

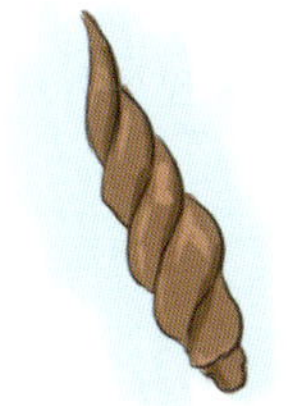

气候变暖，水体温度升高，延长了钉螺、血吸虫的生长发育季节

土地干涸

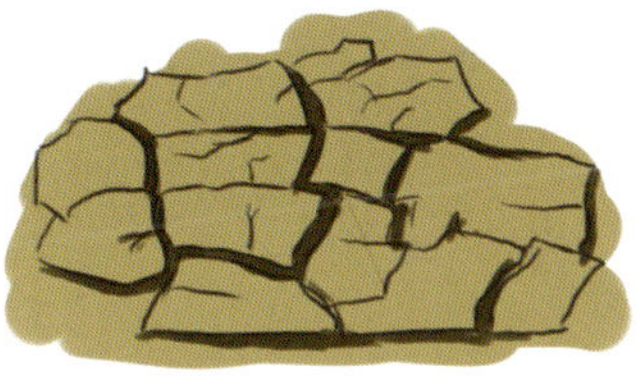

4

极端气候事件也会加剧痢疾、霍乱等传染病的暴发

第六章

气象与体育

6.1 气温对田径比赛有何影响

温度的高低与运动员肌肉关节的活动程度有很大关系，温度较高时更容易活动开，也容易保持较好的活动程度，但温度低时，则需要运动员费更大的力气去活动，同时，在比赛（田赛）期间要不断地活动才能保持竞技状态，稍不注意，就可能受伤，对发挥水平也会有较大的不利影响。田径比赛的最适温度是 20～22 ℃，较高的气温对长跑有利一些，但不能过高，当气温过高时，出汗太多，人体会丧失大量的水分和各种矿物质，如果不及时补充，就会有脱水的危险，还会发生中暑。如 1967 年 7 月 18 日在日本举行的马拉松比赛中，由于当时气温已超过 30 ℃，比赛途中许多运动员病倒，其中 1 人死亡，8 人被送往医院抢救。

气温过低也不利于田径比赛。因为天气过分寒冷，人的肌肉会发生收缩，而血液供应不足，会给肌体的一些部位带来损伤。马拉松运动员疲劳性骨膜炎和筋腱炎的发病，与寒冷天气有直接关系。

一般来讲，对于短跑、跨栏和田赛项目来说，最好的温度是 20～25 ℃，径赛运动员发挥水平最适宜的气温为 17～20 ℃，但是对于竞走和马拉松等长距离耐力性项目来说，则需要温度低一些，一般是 13～15 ℃比较适宜，因为气温高了会使运动员的能量消耗加大。

1

气温高低和田径比赛有关系么?

2

气温过高～脱水

3

气温过低～消耗过多能量

4

最佳温度:

田赛 20～25 ℃

径赛 17～20 ℃

竞走、马拉松 13～15 ℃

6.2 风在田径比赛中起了什么作用

风对许多田径项目都有较大影响，尤其是对短跑、跨栏等项目影响很大。风对体育比赛的影响主要有以下两点：

一是表现在空气阻力上。空气阻力是指空气对运动物体的阻碍力，是运动物体受到气流的作用而产生的力。空气阻力与运动速度、迎风面积的大小有关，速度越快，迎风面积越大，所受的阻力越大。在径赛中，一个身材较魁梧的运动员所受的空气阻力必然大于身材瘦小的运动员；同样，跑得越快受到的阻力也越大。在比赛中，常使用“随跑战术”，意思就是领跑者受风阻力最大，消耗的体力也最多，相对在领跑者后面的，受风的阻力小，消耗的体力也少。这在马拉松和自行车比赛中是最常见的战术。

二是表现在散热上。风会影响人的呼吸、能量消耗、精神状态以及新陈代谢等，进而影响体能的发挥。气温不太高时，风能加强热的传导和对流，使人体散热增快。在适当的风速范围内，运动员处于良好的竞技状态，有利于取得好成绩；而过大的风速则使运动员身体散热更快，影响正常水平发挥。

此外，田径比赛规则上规定：“距离 200 米和 200 米以下的径赛以及跳远、三级跳远等项目，凡顺风时平均风速超过 2米/秒，所创纪录不予承认。”据研究，如果在静风中运动员用 10 秒跑完 100 米，在 2米/秒顺风情况下只需 9.84 秒即可跑完，可逆风 2米/秒时则需 10.16 秒。两者相差 0.32 秒，而人类 100 米成绩提高 0.32 秒需要好几十年的时间。所以国际奥委会才有顺风不得超过 2米/秒的严格规定。

1

体积不一样

空气阻力：胖＞瘦

2

运动速度不一样

空气阻力：快＞慢

3

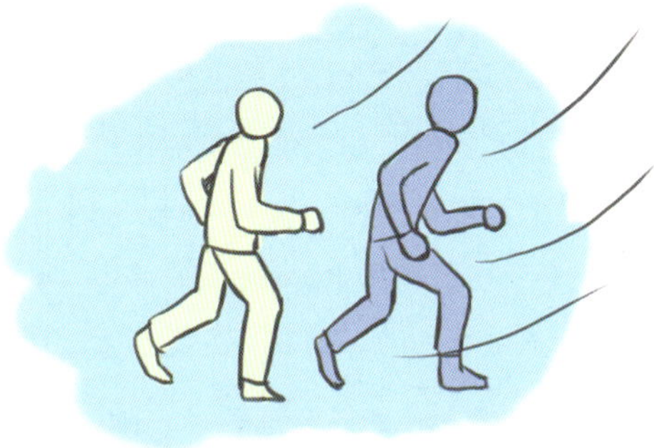

随跑战术：领跑者受风阻力最大，消耗的体力也最多，随跑者受风阻力较小，消耗的体力也少

4

100米跑

顺风　9.84秒

静风　10秒

逆风　10.16秒

6.3 逆风也有利于投标枪

上一节我们说了风速对比赛的影响，而投掷项目一直都是受风速影响最大的赛事。比如标枪，是不是风速越大，成绩就越好呢？1956 年墨尔本奥运标枪决赛时狂风大作，唯独挪威运动员丹尼尔森投掷时风骤停，他以 85.71 米打破世界纪录，而其他所有运动员都因风速过大投掷未超过 80 米。冠军成绩比第二名远了 5 米多——事实证明并非风速越大越有利于投掷标枪。不仅如此，标枪成绩和风速之间还存在一个“与常识不符”的现象——逆风也有利于提升标枪成绩！这是为什么呢？一起来看看吧。

为了解释这个问题，我们首先得仔细看一下飞行中的标枪：高水平运动员投出的标枪在空中是会旋转的！如果风速过大，标枪在飞行过程中就会剧烈晃动，运动员提供的初始动能更易被消耗，飞行距离自然远不了。

那么，逆风为什么会增加投掷距离呢？标枪的飞行轨迹是抛物线，如果希望投掷标枪的成绩好，不仅需要在上升阶段又高又远，还需要在下落过程中最大程度地飞慢。这个时候，如果有一些微弱的逆风，就会增加标枪的浮力，让标枪的飞行时间更长，飞行距离更远。

其实，只要风速不大，不论风向如何，对提升标枪成绩都是有利的。那么，究竟多大的风速最适宜投掷标枪呢？

研究发现，6米/秒以下的顺风，约可提升 1.1% 的飞行距离；侧风的效果其次，6米/秒以下的侧风，约可提升 0.6% 的飞行距离；而逆风的效果最小，3米/秒以下的逆风，约可以提升 0.59% 的飞行距离。

逆风可以增加标枪的投掷距离？

1

2

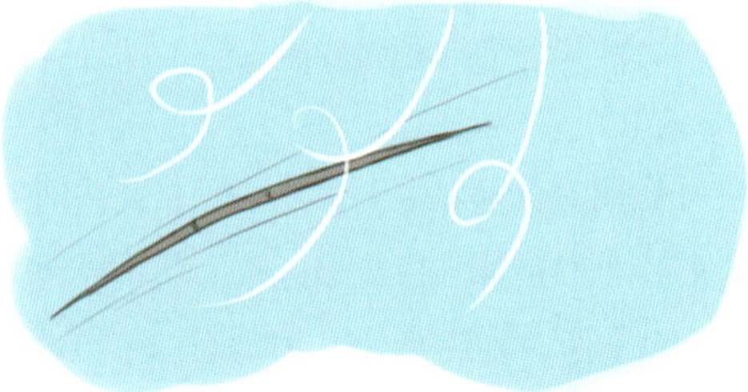

风速过大，标枪会剧烈晃动，飞不远

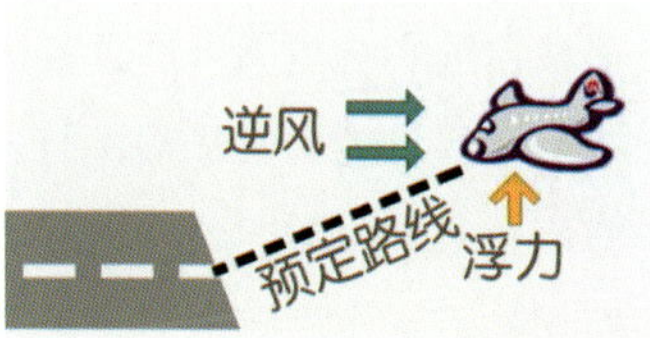

3

逆风会产生一定的浮力，会延长滞空时间

4

6米/秒以下的顺风，约可提升1.1%的飞行距离
6米/秒以下的侧风，约可提升0.6%的飞行距离
3米/秒以下的逆风，约可以提升0.59%的飞行距离

6.4 降雨对体育比赛的影响

2016 年 7 月 20 日，中国足协发出这样一条公告：因比赛场地不符合相关要求，原定于 7 月 20 日晚的中超第 18 轮比赛延期举行。这是为什么呢？原来当天北京市气象台发布了暴雨橙色预警，考虑到场地问题和赛事安全，足协决定延期比赛。那么，降雨天气对其他体育赛事还有什么影响吗？

降雨对体育赛事的影响主要表现在两方面，一方面是降雨本身的影响，许多赛事在大雨时被迫停止，如足球、径赛类；另一方面是降雨使能见度变差，场地湿滑，在方向性上不易掌握，容易出现危险，影响整个赛事的进行，如标枪、铁饼等。

田径规则规定，只要雨不是很大（具体由组委会决定），比赛就要继续进行。但下雨毕竟会对运动员的发挥产生较大影响，特别是对投掷和跳跃这些田赛项目的影响更大一些，其因主要是场地湿滑，影响发力和动作完成。降雨对径赛项目的影响相对小一些，雨太大显然不行，但如果是小雨，对马拉松和竞走等耐力性项目有利，因为在小雨中跑步是最舒服的，这样的环境还能够帮助运动员加快散热。三级跳赛前如下一点雨，土壤湿润、松软，不易伤到脚，对运动员也是有利的。

当然，如果比赛遭遇雷雨、冰雹等恶劣天气时，室外运动项目必须中断，以确保人身安全。

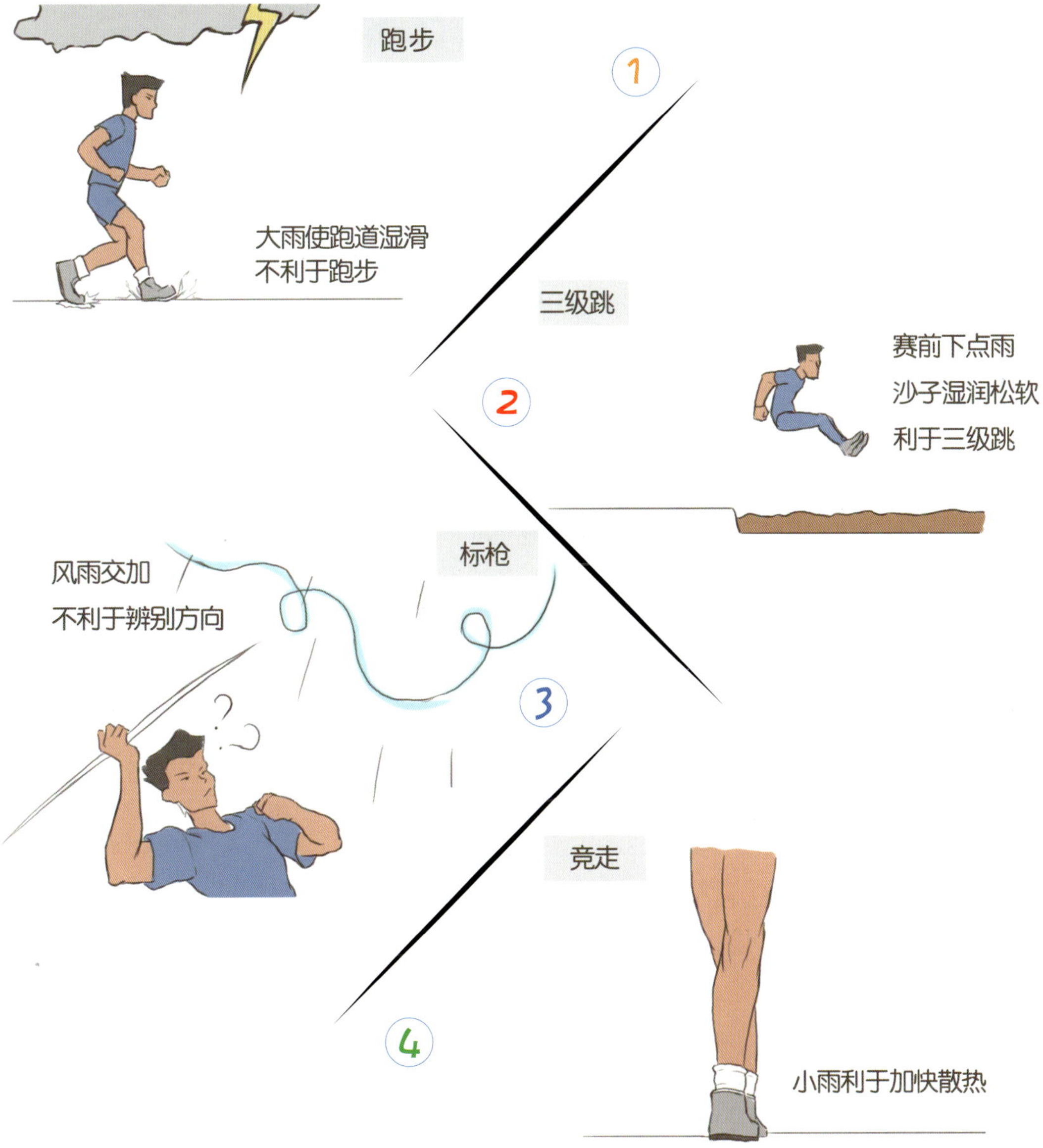
跑步
1
大雨使跑道湿滑
不利于跑步
三级跳
2
赛前下点雨
沙子湿润松软
利于三级跳
标枪
风雨交加
不利于辨别方向
3
竞走
4
小雨利于加快散热

6.5 湿度对体育比赛的影响

湿度对人体的影响，主要通过热代谢和水盐代谢等途径。在高温或低温环境下，人体对湿度的变化相对敏感。

高温天气时，湿度过大，不利于身体散热和汗液的排出，容易使运动员感到烦恼郁闷、疲劳和食欲不振，影响体能导致运动能力下降，尤其是对需氧量大、排汗量大的运动，如长跑。但对于短跑运动员来说，湿度偏大些，有利于其产生爆发力。在进行乒乓球和羽毛球比赛时，湿度大不但会影响球体的运行性能，更会直接影响到运动员技术和战术水平的发挥。当低温高湿时，运动员会感到阴冷，运动员的皮肤感受器受冷会收缩，影响肌肉功能的发挥。

湿度小时，运动员排汗增多，容易脱水，感觉干渴烦躁，损伤呼吸道，皮肤也易干燥不适。但对需要完成跳跃动作的运动员来说，湿度偏小有利于其发挥水平。

据研究，在下列温湿条件下：气温 40 ℃、相对湿度 30%，气温 38 ℃、相对湿度 50%，气温 30～31 ℃、相对湿度 85% 以上，运动员的调节机能就无法充分发挥作用。有些研究给出了体育赛事的适宜湿度：200 米及以下的短跑类比赛适宜相对湿度是 50%～60%；中长跑和马拉松比赛适宜相对湿度是 30%～60%；射击比赛以 50% 左右的相对湿度为宜；乒乓球比赛的适宜相对湿度是 40%～60%；羽毛球比赛的相对湿度最好不大于 60%。总之，在气温适中的前提下，50%～60% 的相对湿度对比赛最适宜。

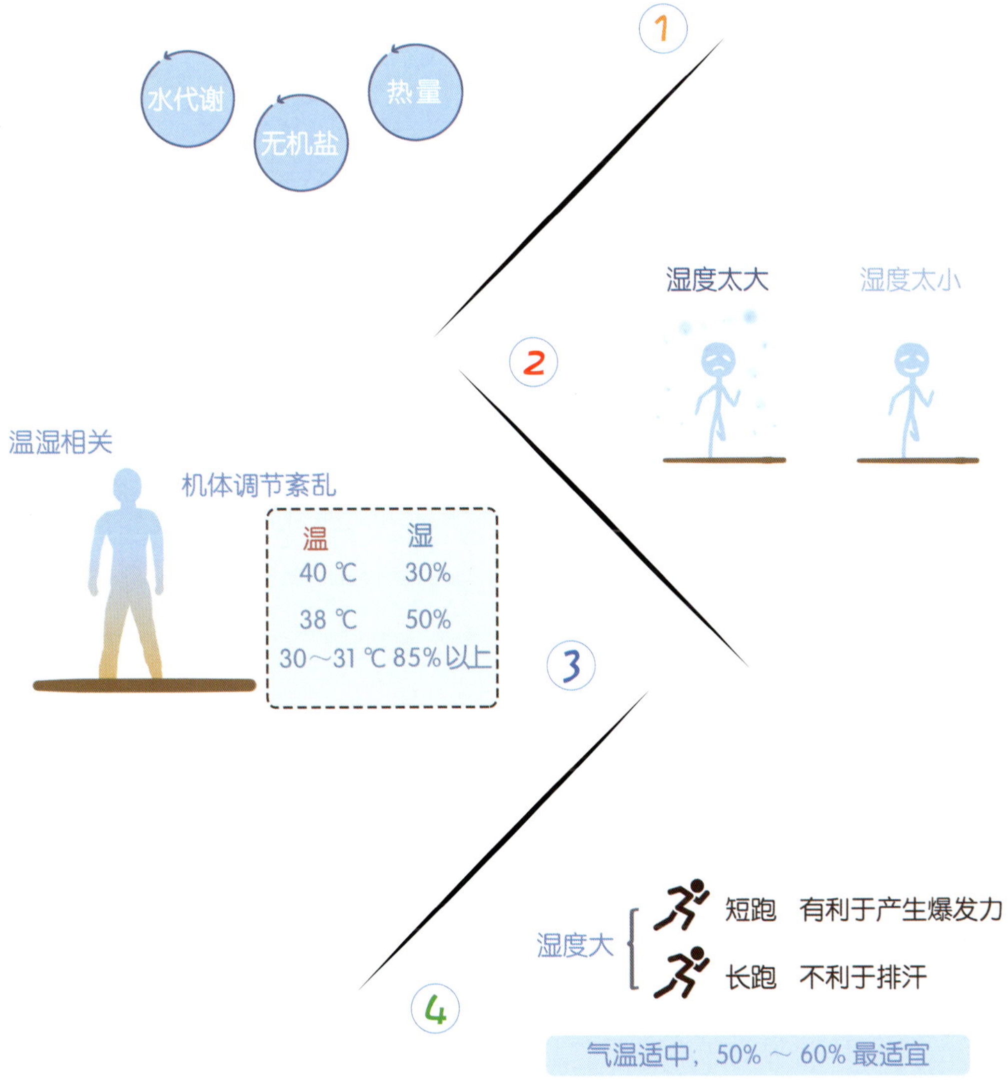
1
水代谢
无机盐
热量
2
湿度太大
湿度太小
3
温湿相关
机体调节紊乱
温 湿
40 ℃ 30%
38 ℃ 50%
30～31 ℃ 85% 以上
4
湿度大
短跑 有利于产生爆发力
长跑 不利于排汗
气温适中，50% ～ 60% 最适宜

6.6 气压对体育比赛的影响

在体育赛事中，人们往往关心气温、风向风速、湿度、降雨对比赛的影响，对于气压的变化却很少关心。其实，气压变化对人体的生理和心理都有较大影响，这足以影响运动员在比赛中的发挥。

在比赛中，运动强度越大，对气压的反应越敏感。气压高时，人体肺部的氧气压也随之升高，血红蛋白饱和，血氧充足，使人体感觉精力充沛，不容易疲劳，技术水平能够得到充分发挥，有利于提高比赛成绩。在铁饼比赛中，气压略高，有利于器械飞行稳定。当外界环境气压较低时，人的血压会随之降低，导致人体血液流动变缓、感觉困乏无力，调节机能下降，体力面临考验。此时，运动员容易出现缺氧、胸闷、气急等症状，导致速度和力量都会明显减弱，尤其对耐力型项目，如自行车、中长跑、游泳等的影响很大。在足球比赛中，气压较低时，运动员的奔跑能力和射门力量会明显减弱。

气压还会影响运动员的心理变化，主要使人产生压抑感。例如，低气压下的阴雨以及夏季雷雨前的高温、高湿的闷热天气，常会使运动员抑郁不适。

为了使运动员们更好地适应低压环境，提高有效成绩，“缺氧训练”被广泛采用。“缺氧训练”起初用于宇航员和长跑运动员，因为他们都需要被训练为能充分利用氧气的人，后来普及至许多项目，包括混合武术和举重。

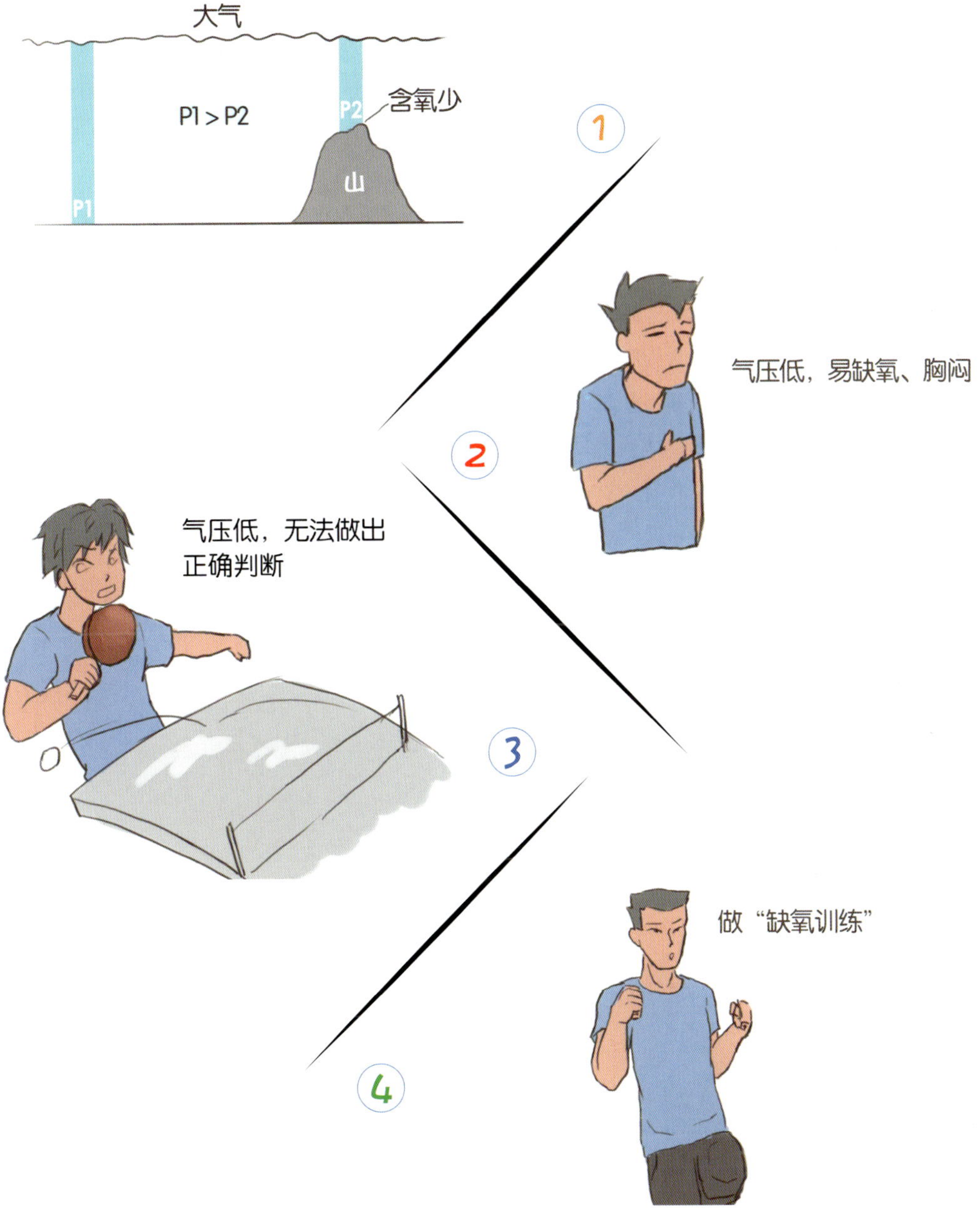
大气
P1 > P2
P2
含氧少
山
P1
1
气压低，易缺氧、胸闷
2
气压低，无法做出
正确判断
3
做“缺氧训练”
4

6.7 雾和霾对体育比赛的影响

大家都知道，有雾和霾时，我们会尽量减少外出。主要是因为空气中的污染物与水汽结合，变得不易扩散与沉降，使得污染物大部分聚集在人们经常活动的高度。而且，一些有害物质与水汽结合，会变得毒性更大。既然这样，雾和霾对运动员来说，危害有多大呢?

首先，有雾时，运动员会因吸入过多的水汽而影响氧气的摄入，降低气体交换的功能，造成体能下降，进而影响比赛成绩。有霾时，运动员因耗氧量大的关系会比常人吸入更多的有害颗粒，对健康产生不良影响。因此，大型运动会都很注重空气质量，并作为申办条件之一对举办地有较高的要求。

其次，雾和霾使能见度降低，气象台根据能见度的高低，会适时发布相应的天气预警。能见度低不仅阻碍运动员视线，出现错误判断而行为出错，还可能造成裁判员误判。例如，在射击等项目中，低能见度可能会遮蔽目标物，给运动员造成困难。帆船、现代五项、曲棍球、棒球、雪上运动等都可能因大雾取消比赛。

1
气体交换功能下降
2
3
影响健康
咳
4
容易误判
雾
帆船比赛取消

第七章

二十四节气

7.1 什么是二十四节气

2016 年 11 月 30 日，二十四节气“申遗”成功，作为中国古代订立的一种用来指导农事的补充历法，它是中国人民独创的传统文化遗产，形成于春秋战国时期，至今已有两千多年历史。二十四节气即立春、雨水、惊蛰、春分、清明、谷雨，立夏、小满、芒种、夏至、小暑、大暑，立秋、处暑、白露、秋分、寒露、霜降，立冬、小雪、大雪、冬至、小寒和大寒。它细致地反映了我国四季交替的气候特征，含有时令顺序、物候变化和农作物生长情况，指导农事活动，是中国古代劳动人民长期经验的积累和智慧的结晶。两千多年来，它为我国的农业发展立下大功，至今仍影响着千家万户的衣食住行。由于历史上我国的主要政治活动中心多集中在黄河流域，因此二十四节气主要是以这一带的气候、物候特点为依据建立起来的。

二十四节气是怎么来的

早在东周春秋战国时代，我国先民就有了日南至（就是冬至日）、日北至（就是夏至日）的概念。随后人们根据月初、月中的日月运行位置和天气及动植物生长等自然现象，把一年平分为 24 等份。并且给每等份取了个专有名称，这就是二十四节气。

到战国后期成书的《吕氏春秋》“十二月纪”中，就有了立春、春分、立夏、夏至、立秋、秋分、立冬、冬至等八个节气名称。这些是二十四个节气中最重要的节气，标示出季节的转换，清楚地划分出一年的四季。到秦汉年间，二十四节气已完全确立。《淮南子》一书中就有了和现代完全一样的二十四节气的名称。公元前 104 年，由邓平等制订的《太初历》，正式把二十四节气订于历法，明确了二十四节气的天文位置。2006 年 5 月 20 日，“二十四节气”作为民俗项目经国务院批准被列入第一批国家级非物质文化遗产名录。

二十四节气是怎么划分的

二十四节气是根据太阳在黄道（即地球绕太阳公转的轨道）上的位置来划分的。太阳从黄经 0° 起，沿黄经每运行 15° 所经历的时日称为“一个节气”，每年运行 360°，共经历二十四个节气，每月两个。其中，每月第一个节气为“节气”，第二个节气为“中气”，“节气”和“中气”交替出现，各历时 15 天，现在人们已经把“节气”和“中气”统称为“节气”了。二十四节气反映了地球公转的情况，所以节气在现行的公历中日期基本固定，前后不差 1～2 天。

每个节气的名称是什么意思

从二十四节气的命名可以看出，节气的划分充分考虑了季节、气候、物候等自然现象的变化。其中：

立春、立夏、立秋、立冬是用来反映季节的，合称“四立”，分别表示四季的开始，将一年划分为春、夏、秋、冬四个季节。由于中国地域辽阔，具有非常明显的季风性和大陆性气候，各地天气气候差异巨大，因此不同地区的四季变化也有很大差异。

春分、秋分、夏至、冬至是从天文角度来划分的，反映了太阳高度变化的转折点。在二分二至图中，可以在太阳和地球的两个球心间连一条直线，这条直线与地球地面的交点就是太阳直射点，判断其位置，在北回归线时为夏至，在南回归线时为冬至，在赤道时为春分或秋分。早在春秋战国时期，我国就已经能用土圭（guī）（在平面上竖一根杆子）来测量正午太阳影子的长短，以确定冬至、夏至、春分、秋分四个节气。一年中，土圭在正午时分影子最短的那天为夏至，最长的那天为冬至，影子长度适中的那天为春分或秋分。

小暑、大暑、处暑、小寒、大寒这五个节气反映气温的变化，用来表示一年中不同时期寒热程度。

雨水、谷雨、小雪、大雪四个节气反映了降水现象，表明降雨、降雪的时间和强度。

白露、寒露、霜降三个节气表面上反映的是水汽凝结、凝华现象，但实质上反映出了气温逐渐下降的过程和程度：气温下降到一定程度，水汽凝结，气温继续下降，不仅露水增多，而且越来越凉，当温度降至 0 ℃以下，水汽凝华为霜。

小满、芒种则反映有关作物的成熟和收成情况。

惊蛰、清明反映的是自然物候现象，尤其是惊蛰，它用天上初雷和地下蛰虫的复苏，来预示春天的回归。

记忆民谣

为了便于记忆，人们编出了一些有关二十四节气的民谣歌诀。

二十四节气歌

春雨惊春清谷天，夏满芒夏暑相连，
秋处露秋寒霜降，冬雪雪冬小大寒。

地球绕着太阳转，绕完一圈是一年。
一年分成十二月，二十四节紧相连。
按照公历来推算，每月两气不改变。
上半年是六廿一，下半年逢八廿三。
这些就是交节日，有差不过一两天。

二十四节有先后，下列口诀记心间：
一月小寒接大寒，二月立春雨水连；
惊蛰春分在三月，清明谷雨四月天；
五月立夏和小满，六月芒种夏至连；
七月大暑和小暑，立秋处暑八月间；
九月白露接秋分，寒露霜降十月全；
立冬小雪十一月，大雪冬至迎新年；
抓紧季节忙生产，种收及时保丰年。

第七章　二十四节气

1

简介

二十四节气是指导“农事”的补充历法

反映了四季交替的气候特征

2

划分

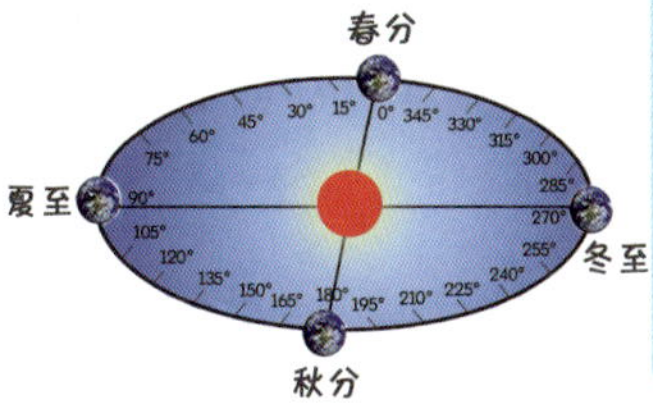

二十四节气是根据太阳在黄道（即地球绕太阳公转的轨道）上的位置来划分的

太阳从黄经0°起，沿黄经每运行15°所经历的时日称为“一个节气”

3

意义

划分季节：立春、立夏、立秋、立冬

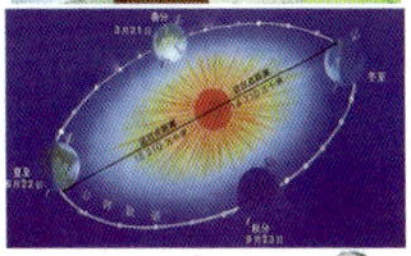

天文学意义：春分、夏至、秋分、冬至

气温变化：小暑、大暑、处暑、小寒大寒

4

意义

降水现象：雨水、谷雨、小雪、大雪

凝结、凝华现象：白露、寒露、霜降

作物成熟：小满、芒种

物候现象：惊蛰、清明

7.2 立春

每年2月4日前后，太阳到达黄经315°时为立春。我国古人将每个节气的15天分为三候，每候5天，细致地观察并记录了这期间的物候现象，立春的物候现象为："初候东风解冻，二候蛰虫始振，三候鱼陟负冰"，说的是立春日后东风送暖，大地开始解冻。五日后，蛰伏（躲藏冬眠）的虫类慢慢在洞中苏醒，再过五日，河里的冰开始融化，鱼开始游动，此时水面上的碎冰片还有没完全融化，如同被鱼背着一般浮在水面。

划分四季都有哪些标准呢？

自秦代以来，我国就一直以立春作为春季的开始。由于我国幅员辽阔，地形多变，所以二十四节气对于很多地区来讲只是划分季节的一种参考。随着科学的进步，四季的划分也有了更多、更科学的方法。以气象学意义上的春季划分标准为例，候（5天为一候）平均气温10～22 ℃的时段为春季。按照这个标准，北京地区平均在3月30日才进入春季。那么，划分四季究竟还有哪些标准呢？

中国古代用立春（2月4日前后）、立夏（6月5日前后）、立秋（8月7日前后）与立冬（11月7日前后）作为四季的开始。

天文学以春分（3月20日前后）、夏至（6月21日前后）、秋分（9月23日前后）、冬至（12月22日前后）分别作为四季的开始。

气候统计上，因一般以1月为最冷月，7月为最热月，所以以阳历3、4、5月为春季，6、7、8月为夏季，9、10、11月为秋季，12、1、2月为冬季。这种四季的分法，较适于四季分明的温带地区。

候平均气温（气象学意义）法：由中国学者张宝堃1934年提出的分季方法。以候（每5天为一候）平均气温稳定降低到10 ℃以下作为冬季开始，稳定上升到22 ℃以上作为夏季开始。候平均气温从10 ℃以下稳定上升到10 ℃以上时，作为春季开始。从22 ℃以上稳定下降到22 ℃以下时，作为秋季开始。这种方法使各地的季节开始与结束时间都不相同，但比较准确客观，符合不同纬度和不同地形地区的气候和农事活动。

中国古代

立春（2月4日前后）
立夏（6月5日前后）
立秋（8月7日前后）
立冬（11月7日前后）
作为四季的开始

①

②

天文学以春分（3月20日前后）、夏至（6月21日前后）、秋分（9月23日前后）、冬至（12月22日前后）分别作为四季的开始

③

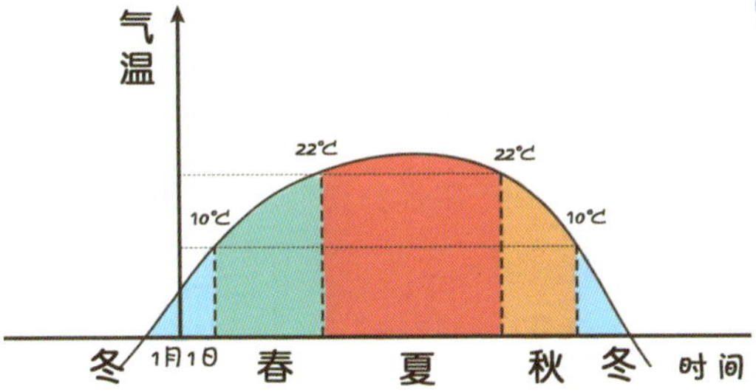

气象学标准

④

(春季3—5月)

(夏季6—8月)

(秋季9—11月)

(冬季12—次年2月)

气候统计标准

【诗词佳句赏析】

一二三四五六七，万木生芽是今日。

远天归雁拂云飞，近水游鱼迸冰出。

诗为唐代诗人罗隐的《京中正月七日立春》。在这首清新的小诗中，嫩芽、归雁在立春这天迫不及待地想与春天接触，水中的鱼儿更是顶着漂浮的冰块欢快地游动着迎接春天呢！

7.3 雨水

每年2月28日前后为雨水节气，此时太阳到达黄经330°。雨水表示两层意思，一是天气回暖，降水量逐渐增多了；二是在降水形式上，雪渐少了，雨渐多了。

我国古人对雨水节气每候的物候现象描述为："初候獭祭鱼，二候候雁北，三候草木萌动。"是说此节气，蛰伏了一冬的水獭开始出来捕鱼了，水獭是一种两栖动物，喜欢吃鱼，经常将所捕到鱼排列在岸上，在古人看来，这情形很像是陈列祭祀的供品，所以就称之为獭祭鱼或獭祭；五日过后，大雁开始从南方飞回北方；再过五日，草木随地中阳气的上腾而开始抽出嫩芽。

雨水节气期间，太阳直射点由南半球逐渐向赤道靠近了，这时的北半球，日照时数和强度都在增加，气温回升较快，来自海洋的暖湿空气开始活跃，并渐渐向北挺进。与此同时，冷空气在减弱的趋势中并不甘示弱，与暖空气频繁地进行着较量。这时的大气环流处于调整阶段，中国各地的气候特点，总的趋势是由冬末的寒冷向初春的温暖过渡，但是天气会变化不定，忽冷忽热。这种乍暖还寒的天气对已萌动和返青的作物、林、果等的生长及人们的健康危害很大，要注意保暖，预防感冒。

【诗词佳句赏析】

好雨知时节，当春乃发生。
随风潜入夜，润物细无声。

诗为唐代诗人杜甫《春夜喜雨》的节选，诗人开头就用一个"好"字赞美"春雨"，在夜幕降临时，悄悄地、无声地、细细地下着，滋润着万物。它的好在于懂得时令节气，当万物萌生，最需要雨水的时候，雨就下起来了。怎能不让人欣喜呢！

为什么“雨水”节气还在下雪?
1

2
雪花飘落过程中，只有气温足够高，才可能融化成雨滴

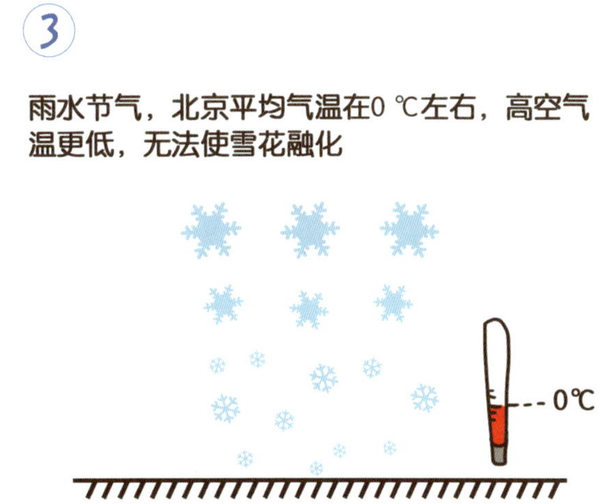
3
雨水节气，北京平均气温在0 ℃左右，高空气温更低，无法使雪花融化
0℃

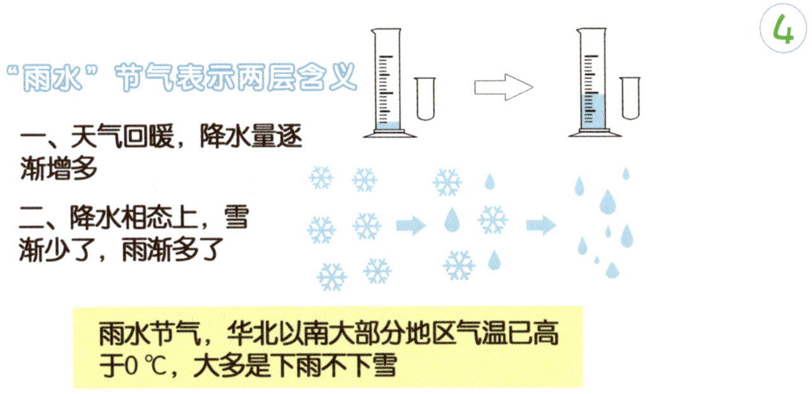
4
“雨水”节气表示两层含义
一、天气回暖，降水量逐渐增多
二、降水相态上，雪渐少了，雨渐多了
雨水节气，华北以南大部分地区气温已高于0 ℃，大多是下雨不下雪

7.4 惊蛰

每年 3 月 5 日前后，太阳到达黄经 345° 时为惊蛰。惊蛰的意思是天气回暖，春雷始鸣，惊醒蛰伏于地下冬眠的昆虫。实际上，昆虫是听不到雷声的，大地回春，天气变暖才是使它们结束冬眠、“惊而出走”的原因。

我国古人用“初候桃始华，二候鸧鹒鸣，三候鹰化为鸠”来描述惊蛰时节的物候现象，是说此时已是桃花红、李花白，黄鹂鸣叫，斑鸠觅食的时节了，由此可见惊蛰是一个反映自然物候现象的节气。

▶ 为何北京惊蛰不打雷？

惊蛰时节最引人注意的现象是“春雷始鸣”，那为什么这个时节会响起雷声呢？这是因为“惊蛰”以后天气回暖，雨水渐增，空气中的水汽增多，明显增强的暖湿空气与仍有相当实力的冷空气遭遇对峙，就会引发强烈的空气垂直对流运动，当潮湿的暖空气上升到一定高度时就会形成高大的积雨云，正负电荷发生碰撞而放电，从而使雷声轰鸣。

但是在北京，“初雷日”一般出现在 4 月下旬，比“惊蛰”要晚一个多月。这是为什么呢？其实原因很简单，气象学上，北京在 3 月初还属于“冬季”，主要还受偏北干冷气流控制，没有明显暖湿气流入侵，自然不会鸣雷。

由于我国南北跨度大，春雷始鸣的时间迟早不一。就多年平均而言，云南南部在 1 月底前后即可闻雷，而“惊蛰始雷”的说法仅与沿长江流域的气候规律相吻合。

【诗词佳句赏析】

仲春遘时雨，始雷发东隅。
众蛰各潜骇，草木纵横舒。
翩翩新来燕，双双入我庐。
先巢故尚在，相将还旧居。

诗为晋宋时期诗人陶渊明《拟古·仲春遘时雨》的节选。意思是说仲春（即阴历二月）逢上了及时雨。第一声春雷，也从东方响起。各类冬眠的蛰虫，暗中都被春雷惊醒，沾了春雨的草木，枝枝叶叶纵横舒展开来。一双刚刚到来的燕子，轻快地飞进诗人的屋里。梁上旧巢依然还在，燕子一下子便寻到了旧巢住了下来。

7.5 春分

每年 3 月 20 日前后，太阳到达黄经 0°(春分点) 时是春分。古时以立春到立夏这九十天作为春季，春分正当春季三个月的中分点，平分了春季，因此得名春分。春分时节，我国除青藏高原、东北、西北和华北北部外都进入明媚的春天，小麦拔节、油菜花香。我国古人对春分时节的物候是这样描述的：“初候玄鸟至，二候雷乃发声，三候始电。”意思是说春分日后，燕子便从南方飞来了，下雨时天空便要打雷，接着闪电也出现了。

▶ 为什么说“春分秋分，昼夜平分”？

民谚有云“春分秋分，昼夜平分”，是说这一天昼夜时间几乎一样长，各 12 小时，是这样吗？为什么呢？我们知道，昼夜交替是由地球的自转产生的。由于地球不发光也不透明，在同一时间里，太阳只能照亮半个地球，被照亮的半球为白天，没被照亮的半球为黑夜，地球自转一圈为一昼夜，白天与黑夜的分界线称为晨昏线。而地球在自转的同时还在倾斜着身子围绕太阳公转，而且倾斜的角度始终不变，公转一圈为一年，这样，地球在公转轨道的不同位置上，受太阳照射的情况也不完全相同（受太阳直射的纬度不同），于是形成了春夏秋冬四季。

由于地球上的人通常感觉不到地球的运动，就像坐在行驶车辆中的人感觉的是周围的物体向后运动一样，地球人所看到的是太阳在恒星组成的星空背景上向后运动，每年转一圈，并将其称为太阳周年运动，将太阳运行线路（即地球公转轨道在天球上的反映）称为黄道。黄经就是黄道上的度量坐标（经度）。按天文学惯例，以春分点为起点自西向东度量，分 360°。我国古人把太阳黄经的 360° 划分成 24 等份，每份 15°，为一个节气。

在春分（太阳到达黄经 0°）这一天，太阳刚好直射赤道，此时，晨昏线经过南北极点，与地球的经圈重合，将所有纬线平分为两部分，一半位于昼半球，另一半位于夜半球，所以这一天全球昼夜几乎相等。

在秋分（太阳到达黄经 180°）这一天，太阳再度直射赤道，晨昏线同样经过南北极点，与地球的经圈重合，将所有纬线平分为两部分，所以说“春分秋分，昼夜平分”。所不同的是，在北半球春分过后，太阳直射点逐渐向北移动，太阳辐射逐渐增多，天气一天天变暖，同时白昼渐长，黑夜渐短；秋分过后，太阳直射点逐渐向南移动，太阳辐射逐渐减少，天气一天天变冷，同时白昼渐短，黑夜渐长。南半球刚好相反。

1

昼夜交替是由地球的自转产生的，地球自转的同时还围绕太阳公转，在公转轨道的不同位置上，地球受太阳照射的情况不同，于是形成了春夏秋冬四季

2

3

春分、秋分太阳到达黄经 0° 和180°，太阳直射赤道

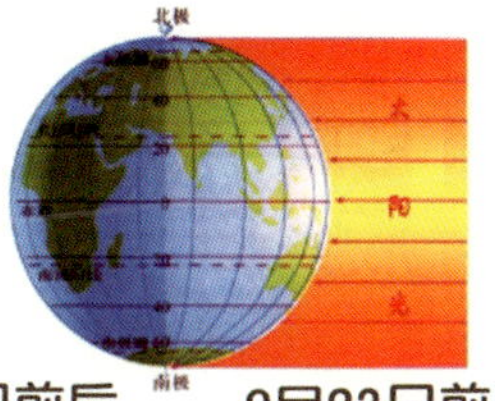

3月20日前后（北半球春分日）　9月23日前后（北半球秋分日）

4

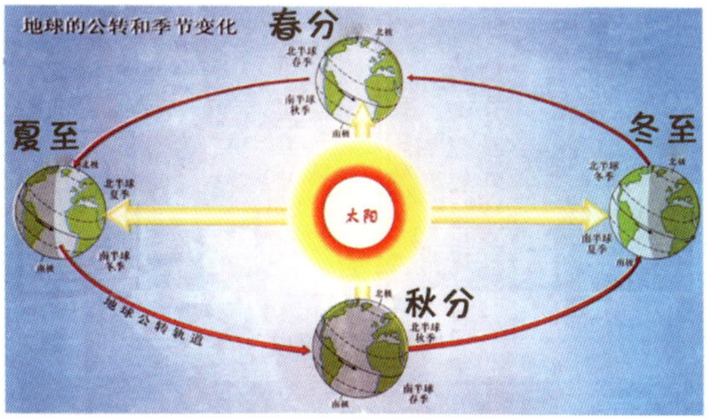

不同的是，在北半球春分过后白昼渐长，黑夜渐短；秋分过后，白昼渐短，黑夜渐长。南半球则刚好相反

【诗词佳句赏析】

春分雨脚落声微，柳岸斜风带客归。

时令北方偏向晚，可知早有绿腰肥。

诗为宋朝诗人徐铉的《七绝·苏醒》。春分时节的小雨淅淅沥沥地落下，仿佛柔软的小脚踩在大地上发出的细微的低语声，杨柳依依的岸边微风拂起迎来远行的归客。原以为北方节气来得比较晚，却不料杨柳已经如此绿了。绿腰指杨柳，杨柳在微风中摇摆，好像舞姿轻盈的舞女。“肥”形容抽芽的柳树，经过一场春雨枝繁叶茂。

7.6 清明

每年 4 月 5 日前后，太阳到达黄经 15° 时为清明节气。清明节气的名称与此时天气物候的特点有关。按《岁时百问》的说法："万物生长此时，皆清洁而明净，故谓之清明。"清明时节，草木萌发，天气清澈明朗。我国古人用"初候桐始华，二候牡丹华，三候虹始见"来描述这个时节的物候现象，意思是说先是白桐花开放，接着牡丹盛开，然后是雨后的天空可以见到彩虹了。

为什么说"植树造林，莫过清明"？

清明时节气温升高，雨量增多，正是春耕春种的大好时节，所以民间有"清明前后，种瓜点豆""植树造林，莫过清明"的农谚。

到了清明节气，东亚大气环流已实现从冬到春的转变。江淮地区冷暖变化幅度较大，雷雨等不稳定降水逐渐增多；而在北方，气温回升很快，降水十分宝贵，干燥多风，是一年中沙尘天气多的时段。此时要注意蓄水保墒适时春灌，以应对春旱的威胁。

清明还是一个古老而重要的传统节日，也是二十四节气中唯一演变成民间节日的节气。清明节是祭祖、扫墓和踏青的日子。

【诗词佳句赏析】

清明时节雨纷纷，路上行人欲断魂。
借问酒家何处有，牧童遥指杏花村。

诗为唐代诗人杜牧的《清明》。清明在我国古代是个大节日，照例该家人团聚，一起上坟祭扫，或踏青游春。可是对于冒雨赶路的行人来讲，心里的滋味已不好受，偏偏又淋了雨，好在找到了排遣的方式。此外，还有"满阶杨柳绿丝烟，画出清明二月天""佳节清明桃李笑""雨足郊原草木柔"等名句，都是清明时节天地物候的生动描绘。

1

2

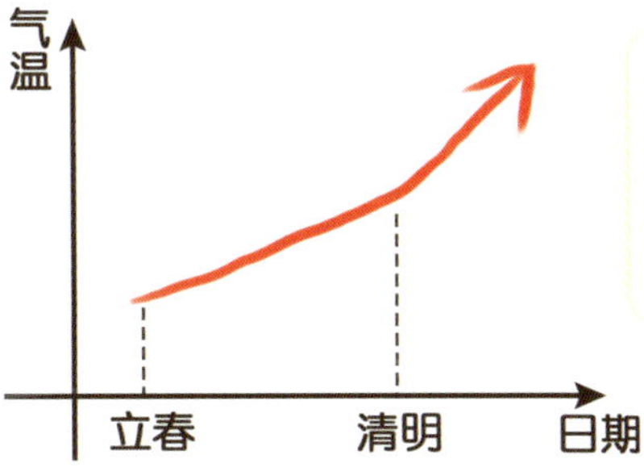

北京平均入春日期3月30日，清明前后气温快速上升，有利于植物生长

3

北京春季降雨稀少，及早种下植物有助于汲取春雨

4

北京沙尘天气4月里最多，平均有5天。植树造林有助于防风沙

7.7 谷雨

每年 4 月 20 日前后，太阳到达黄经 30° 时为谷雨。俗话说“清明断雪，谷雨断霜”，作为春季的最后一个节气，谷雨节气的到来意味着寒潮天气基本结束，气温回升加快，雨水增多，天气更有利于农作物的生长。

我国古人对谷雨时节的物候现象描述为：“初候萍始生，二候鸣鸠拂其羽，三候戴胜降于桑。”是说谷雨后降雨量增多，使水面的浮萍开始生长，接着布谷鸟 (鸣鸠) 便提醒人们播种了，然后是桑树上开始见到戴胜鸟。

谷雨时节也是采制春茶的佳期。此时天气温和，雨量充沛，茶味鲜活，香气怡人。民间有“清明早，立夏迟，谷雨前后正当时”的说法，因此，古人也留下很多谷雨的茶诗。

▶ 为什么说“春雨贵如油”？

谷雨节气的名称，来自古人的“雨生百谷”之说。谷雨这个节气中的“谷”字，不是山谷的谷，也不仅指谷子这一种庄稼，而是农作物的总称。

谷雨时节，不论是越冬作物冬小麦的返青拔节，还是谷子、玉米、高粱、棉花、蔬菜等作物的播种出苗，都需要有适时足够的雨水才能根深苗壮，茁壮成长。然而，此时的天气却往往是晴天多，日照强，蒸发大，风沙多，空气干，特别是西北、华北地区的人们，更是称此时节的雨水“贵如油”。

“雨生百谷”是表示古人认为这个时期的降水对农作物的生长极为重要和珍贵，此时的降雨，相当于是在下粮食！

【诗词佳句赏析】

春山谷雨前，并手摘芳烟。
绿嫩难盈笼，清和易晚天。
且招邻院客，试煮落花泉。
地远劳相寄，无来又隔年。

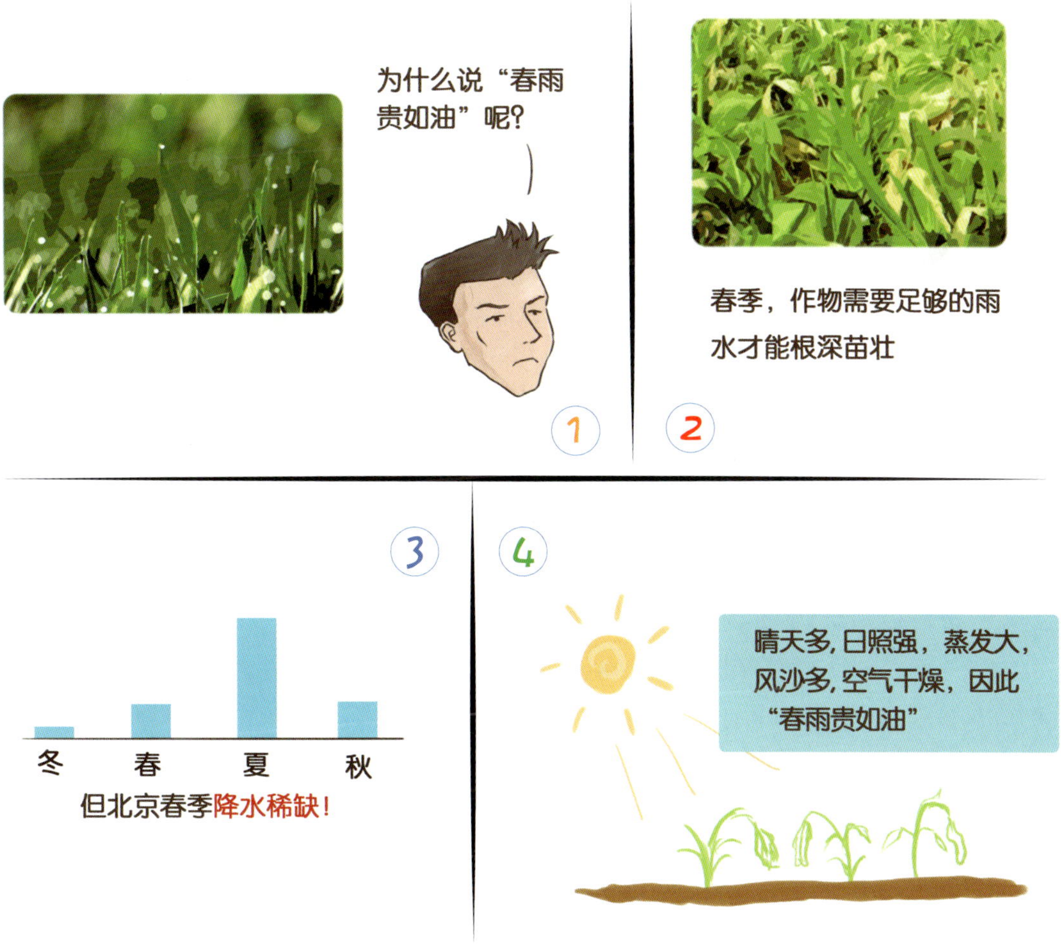

诗为晚唐著名诗僧齐已的《谢中上人寄茶》。在轻雾如烟的茶丛中，翠绿鲜嫩的春山野茶很稀少，直到天色将晚时，还未采满筐。尽管谷雨佳茗难得，但诗人还是迫不及待地招来邻院的客人品新茶。若无友人挂牵，遥寄春茶与诗人，岂能于这融融春日中品茗吟诗？只怕要等到来年谷雨时节方能品上这上好春茶了。

7.8 立夏

每年 5 月 5 日前后，太阳到达黄经 45° 时为立夏。这是夏季的第一个节气，也是季节转换的节气。立夏时节，万物繁茂。我国古人对立夏时节的物候现象描述为："初候蝼蝈鸣，二候蚯蚓出，三候王瓜生。"意思是说这一节气中首先可听到蝲蝲蛄（即蝼蝈）在田间的鸣叫声，接着大地上便可看到蚯蚓掘土，然后王瓜的蔓藤开始快速攀爬生长。立夏前后，夏收作物进入生长后期，冬小麦扬花灌浆，油菜接近成熟，夏收作物的年景（收成）基本定局，故农谚有"立夏看夏"之说。此时华北、西北等地气温回升很快，槐花飘香，但降水仍不多，适时灌水和抓紧锄草是抗旱防灾的关键措施。

初夏时节谨防雷击

进入立夏节气后，天气逐渐热起来，发生强对流天气以及雷击灾害的事件增多。据中国国际防雷论坛透露，我国每年因雷击造成的人员伤亡达 3000～4000 人。雷电灾害已被联合国列为"最严重的十种自然灾害之一"，应该如何防范雷击呢？

如果正处在野外，应立即寻找蔽护所。装有避雷针、钢架的钢筋混凝土建筑物，是避雷的好场所，具有完整金属车厢的车辆也可以利用；在野外无法躲入有防雷设施的建筑物内时，要将手表、眼镜等金属物品摘掉，千万不要在离电源、大树和电线杆较近的地方避雨。尽量降低身体的高度，以减少直接雷击的危险。双脚要尽量靠近，以减少"跨步电压"。野外最好的防护场所是洞穴、沟渠、峡谷或高大树丛下面的林间空地。当感觉到身体有电荷时，如头发竖起，或者皮肤有显著颤动感时，要明白自己可能就要受到电击，应立刻倒在地上，等雷电过后，呼叫别人救护。

如果在家里，将门窗关闭，尽量不要接打电话。同时，家用电脑、电视、音响等弱电设备不要靠近外墙，雷电发生时最好断开电源，不使用这些设备。

特别需要提醒的是，雷雨天在外应避免接打手机，不要在雨中使用音乐播放器等电子设备，否则会有雷击危险。尤其是在外旅游、身处空旷地带的游客，雷雨天必须关闭手机。

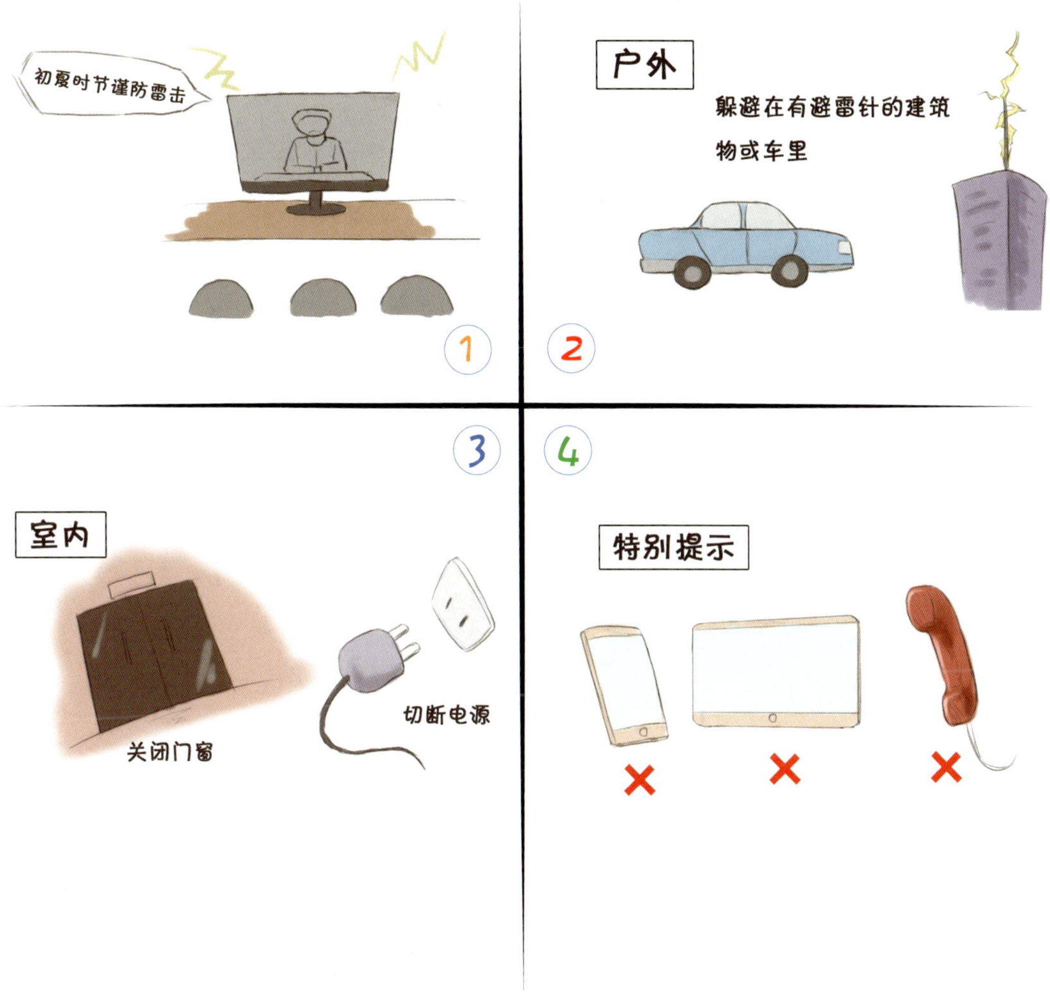

【诗词佳句赏析】

四时天气促相催，一夜薰风带暑来。

陇亩日长蒸翠麦，园林雨过熟黄梅。

诗为宋代诗人赵友直《立夏》的节选。季节交替之际，暖风仿佛一夜间就催走春天，带来了夏天。在骄阳下的田野里，翠绿的麦穗已微微泛黄，新雨过后，园林里诱人的黄梅已经熟了。

7.9 小满

每年 5 月 21 日前后，太阳到达黄径 60° 时为小满。小满是夏季的第二个节气，也是一个反映作物成熟和收成的节气。意思是从现在开始，大麦、冬小麦等夏收作物已经结果，籽粒渐渐饱满，但尚未成熟，所以叫小满。我国古人对小满时节的物候现象描述为："初候苦菜秀，二候靡草死，三候麦秋至。"是说小满节气中，苦菜已经生长繁茂，而喜阴的一些枝条细软的草类在强烈的阳光下开始枯死；此后麦子开始成熟。从气候上看，由暖渐渐变热，降水量虽有增加，但仍偏少，晴天多，光照充足且蒸发量大，小满是全年最干燥的一个节气，也是干热风出现最多的时期，这期间常有冷空气光临，雷阵雨或冰雹等强对流天气出现的次数也明显增加。

小满节气时，黄河中下游等地区还流传着这样的说法："小满不满，麦有一险。"这"一险"就是指小麦在此时刚刚进入乳熟阶段，非常容易遭受干热风的侵害，麦穗会被烤得不能灌浆，提前"枯熟"，麦粒干瘪，粒重下降，导致严重减产。

▶ 什么是"干热风"？

初夏季节，我国一些地区经常会出现一种高热、低湿的风，这就是干热风，也叫"热风""火风""干旱风"等。它是一种农业气象灾害，一般持续时间为 3 天左右。由于各地自然特点不同，干热风成因也不同。初夏时，我国内陆地区气候炎热，雨水稀少，增温强烈，气压迅速降低，形成一个势力很强的大陆热低压。在这个热低压周围，气压梯度随着气团温度的增加而加大，于是干热的气流就围着热低压旋转起来，形成一股又干又热的风，这就是干热风。强烈的干热风对当地小麦、棉花、瓜果可造成危害。防御干热风的方法很多，比如营造防护林带、喷洒化学药物等，这些都是十分有效的措施。

【诗词佳句赏析】

夜莺啼绿柳，皓月醒长空。

最爱垄头麦，迎风笑落红。

诗为宋代欧阳修描写小满节气时的风景诗五绝《小满》。诗中绘出了初夏柳绿、夜晴，麦子茁壮成长的景色。

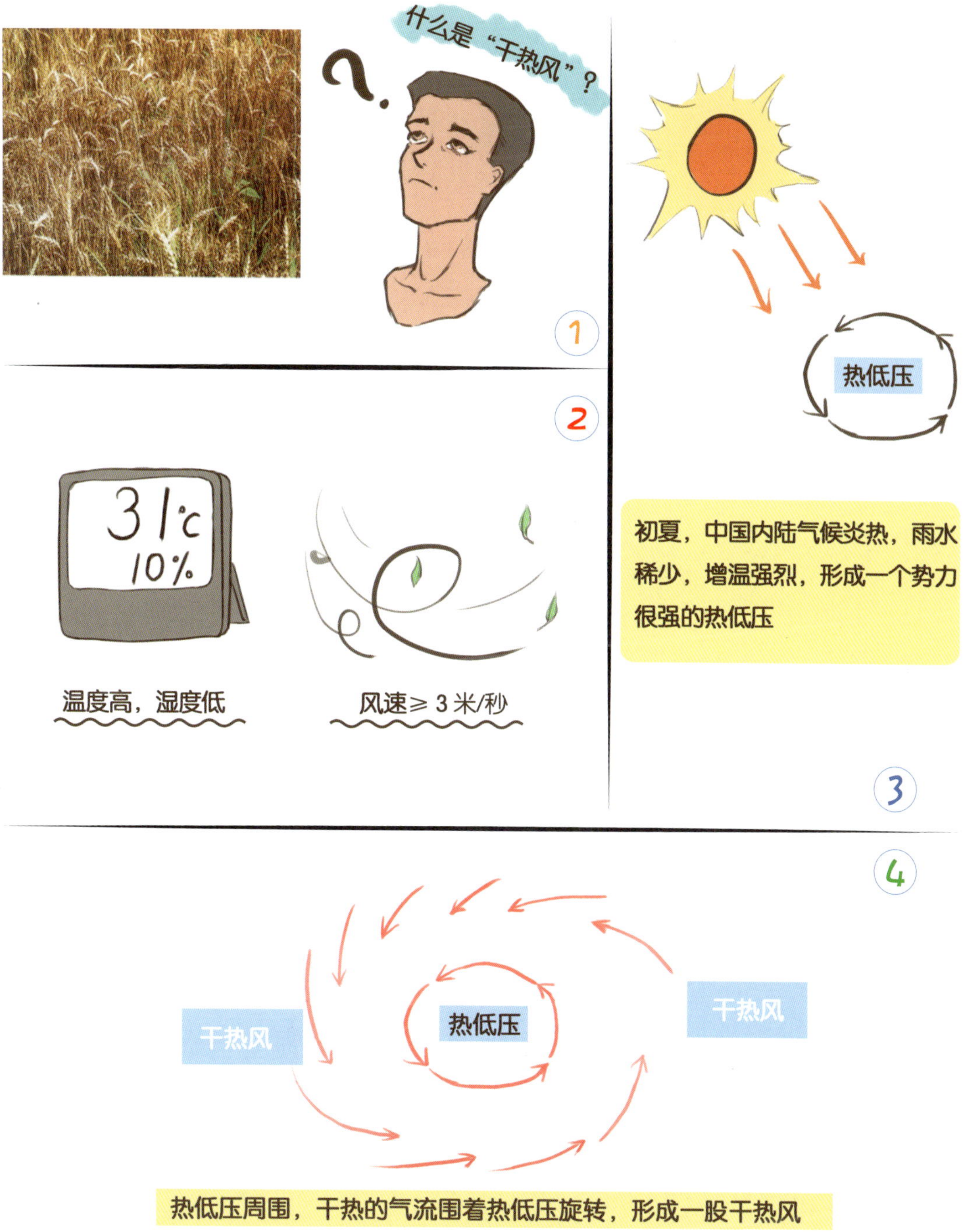
什么是“干热风”？
1
2
31°C
10%
温度高，湿度低
风速≥3米/秒
热低压
初夏，中国内陆气候炎热，雨水稀少，增温强烈，形成一个势力很强的热低压
3
4
干热风
热低压
干热风
热低压周围，干热的气流围着热低压旋转，形成一股干热风

7.10 芒种

每年6月5日前后，太阳到达黄经75°时为芒种。芒种时节雨量充沛，气温显著升高。我国古人对芒种时节的物候现象描述为："初候螳螂生，二候鵙始鸣，三候反舌无声。"意思是在这一节气中，小螳螂在田间地头出现，伯劳鸟开始在林间鸣叫了，而老鸟因口中衔着食物自然就不能鸣叫了。

芒种时节常见的灾害天气有冰雹、大风、暴雨、干旱等。一般来说，在芒种后期，从我国的长江流域到日本南部会出现雨期较长的连阴雨天气，因正值梅子黄熟，故称"梅雨"。黄淮地区、西北地区东部可能出现40 ℃以上的高温天气，但一般不是持续性的高温。

"芒种"忙些啥？

芒种的"芒"，是指大麦、小麦等有芒作物已经成熟可以收割了；"种"字则象征谷类作物开始播种。芒种时节的到来预示着农民开始了忙碌的田间生活：

忙收——小麦成熟期短，收获时若遇连阴雨或大风、冰雹等，往往导致麦株倒伏、落粒，穗上发芽、霉变及"烂麦场"等，为了不使眼看到手的庄稼毁于一旦，必须抓紧抢割、抢运、抢脱粒，直到进仓才能享受丰收的喜悦。农谚"收麦如救火，龙口把粮夺""芒种前后麦上场，男女老少昼夜忙"说的就是此时节的情形。

忙种——麦收后紧接着就是夏播作物的播种，"春争日，夏争时"，播种期以麦收后越早越好，才能保证到秋前有足够的生长期。大量的试验和生产实践表明，夏大豆、夏玉米、夏甘薯等作物播（栽）越迟，产量越低。麦收以后应抓紧抢种抢栽，时间就是产量。

忙管——春种作物的田间管理。收、种、管连着来，都是一个"忙"字，所以，"芒种"也称为"忙种""忙着种"，是农民朋友一年中最为繁忙的时节。

[诗词佳句赏析]

时雨及芒种，四野皆插秧。

家家麦饭美，外外菱歌长。

诗为宋代诗人陆游《时雨》的节选，描绘了芒种时节在细雨飘飞中农夫耕种、收菱、歌唱的悠然风光。

1

2

小麦成熟期短，易受不利天气影响，需要及时抢收

3

大豆、玉米等作物需要及早播种，时间就是产量

4

作物收、种、管一环连一环，田间管理很繁忙

7.11 夏至

每年6月21日前后，太阳到达黄经90°时为夏至。我国古人对夏至时节的物候现象描述为："初候鹿角解，二候蜩始鸣，三候半夏生。"意思是夏至日阴气生而阳气衰，所以阳性的鹿角便开始脱落，知了在夏至后因感阴气之生便鼓翼而鸣，然后是喜阴的药草半夏开始生长。夏至这天，太阳直射地面的位置到达一年的最北端，几乎直射北回归线（北纬23°26′），北半球的白昼达最长，在北京地区，白昼时数可长达15小时，是一年当中光照时间最长的一天。这一天北半球得到的阳光比南半球多了将近一倍。夏至以后，太阳直射地面的位置逐渐南移，北半球的白昼日渐缩短。所以民间有"吃过夏至面，一天短一线"的说法。

▶ 为何夏至不是最热的一天？

道理很简单，热量是需要积累的。夏至日虽然日照时间最长，但此时接近地表的热量还在继续积蓄，并没有达到最多。在夏至过后的一段时间内，虽然日照不是最长了，但还是相当长。每天接收到的热量还是超过散失的热量，所以气温将继续升高。大约再过二三十天，一般才是最热的天气。因此，民间有"夏至不过不热"的说法。

【诗词佳句赏析】

杨柳青青江水平，闻郎江上唱歌声。
东边日出西边雨，道是无晴却有晴。

诗为唐代诗人刘禹锡《新竹枝词二首》之一。原本是诗人模拟民间情歌中常见的谐声双关语，取材于眼前常见的景物，含蓄地表达情感的一首小诗，用天气的晴雨无常比喻情感的捉摸不定，却在不经意间形象而准确地抓住了这个时节雷阵雨天气的特点。夏至以后地面受热强烈，空气对流旺盛，午后至傍晚常易形成雷阵雨。这种热雷雨来去匆匆，降雨范围小，人们称"夏雨隔田坎"。

1

为什么夏至日照时间最长，却不是最热的一天呢？

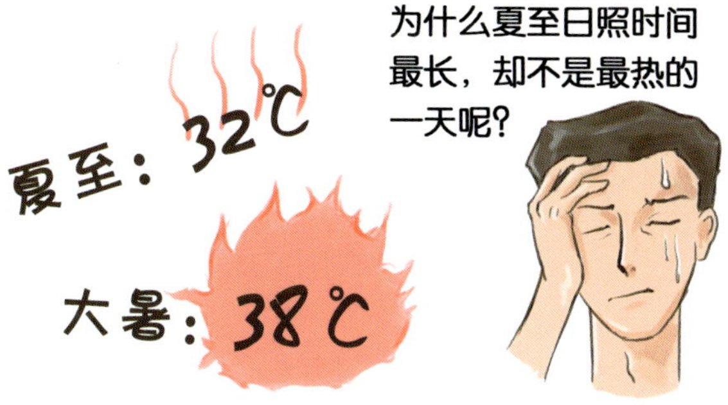

2

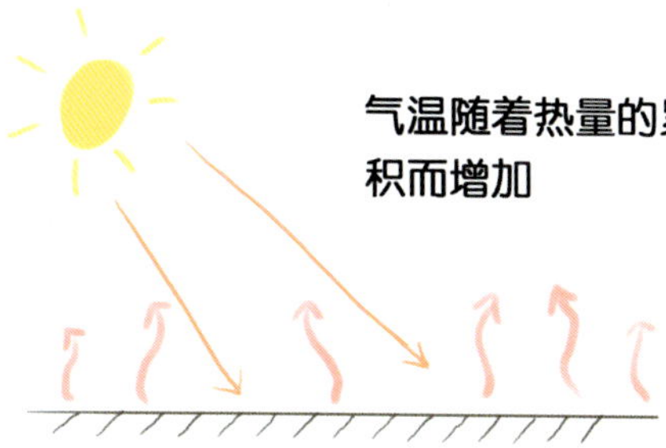

气温随着热量的累积而增加

3

夏至这天，接近地表的热量仍在积蓄

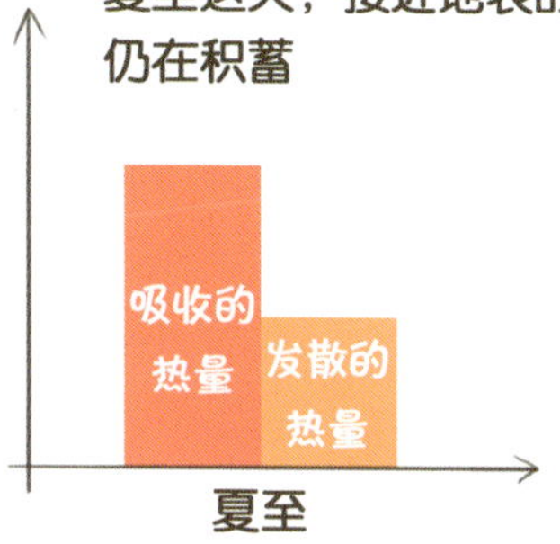

4

类似烧水，夏至这天“火强”最高，但“水温”还未达到最高

7.12 小暑

每年7月7日前后，太阳到达黄经105°时为小暑。暑，表示炎热的意思，古籍《群芳谱》中说："暑期之此尚未极也。"古人认为小暑期间，一年中最热的时期已经到来，但还未达到极热的程度。所以农谚有"小暑不算热，大暑正伏天"的说法。我国古人对小暑时节的物候现象描述为："初候温风至，二候蟋蟀居壁，三候鹰始挚。"意思是小暑时节大地上便不再有一丝凉风，而是所有的风中都带着热浪；由于炎热，蟋蟀离开了田野，到庭院的墙角下以避暑热；老鹰因地面气温太高而在清凉的高空中活动。

小暑时节，华北、东北地区进入多雨季节；江淮流域梅雨即将结束，盛夏开始，气温升高，并进入伏旱期；南方大部分地区进入雷暴最多的季节。

"副热带高压"对北京的天气有何影响？

副热带高压是指存在于副热带地区（南、北纬20°～40°）的深厚的暖性高气压系统，其水平范围可达数千千米，几乎占了全球面积的1/5～1/4。它们在对流层中低部约700百帕和500百帕表现明显。由于海陆分布分裂成若干个单体，而我国处于太平洋上空的副热带高压的西侧，因此也将对我国天气有重要影响的这个副热带高压简称为"西太平洋副高"。

平均而言，每年的7月中旬，也就是进入小暑节气之后，副高脊线北抬，越过北纬25°时，主要雨带就随之从江淮地区北移到黄河流域，使华北进入雨季。这时，副高外围的西南气流可以从孟加拉湾一直延伸至北纬40°附近，当水汽丰沛的暖湿气流与东移南下的冷空气在华北上空相遇时，就有可能给北京带来暴雨。

但是，当副热带高压完全盘踞在北京上空时，北京将会出现"桑拿天"。因为副热带高压的内部盛行下沉气流，风力微弱，太阳辐射更容易影响地表，降水较少，虽然气温并不一定很高，一般不大容易超过37 ℃，但由于湿度大，人体感觉闷热，俗称"桑拿天"。

由此可见，副热带高压也是造成北京夏季暴雨天气的一个重要推手。

当副热带高压盘踞在长江中下游地区时，北京的天气就会受到直接影响了

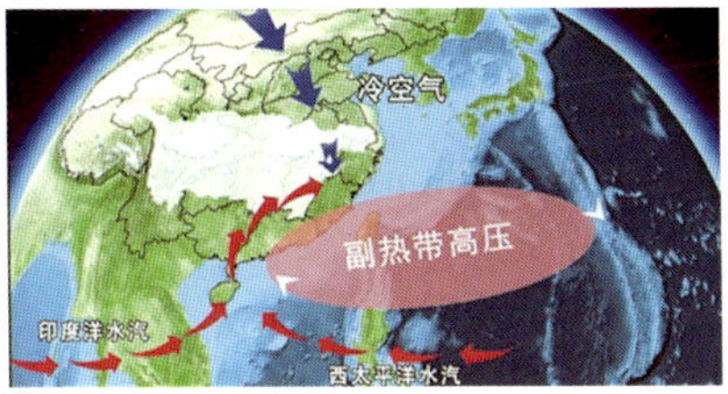

1

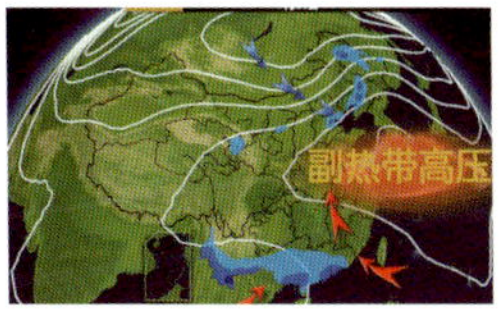

副热带高压外围的暖湿气流同北方南下的冷空气相遇就会形成雷雨

2

3

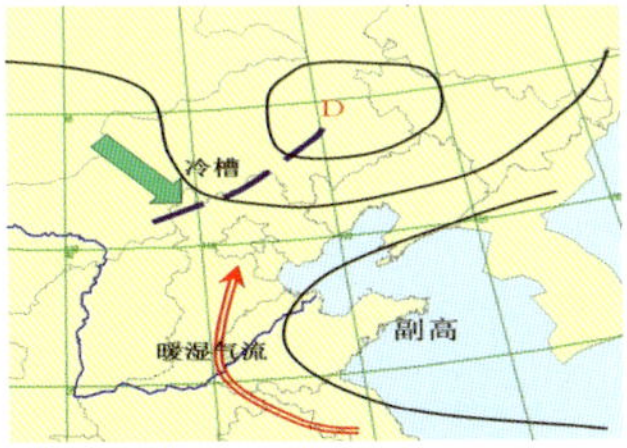

每年7月下旬—8月上旬就是北京的主汛期

4

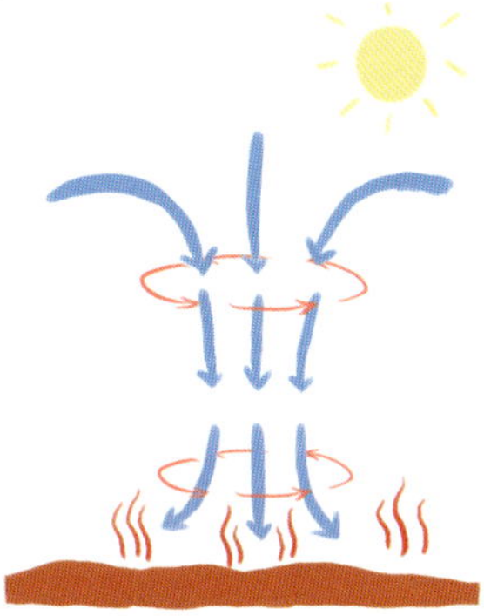

当副热带高压完全盘踞在北京上空时，北京将会迎来“桑拿天”

【诗词佳句赏析】

倏忽温风至，因循小暑来。

竹喧先觉雨，山暗已闻雷。

诗为唐代诗人元稹《小暑六月节》的节选。突然到来的暖暖的热风，原来是随着小暑的节气而来。竹子的喧哗声仿佛已经觉察到大雨即将来临，山色灰暗已经隐约听到了隆隆的雷声。

7.13 大暑

每年7月23日前后，太阳到达黄经120°时为大暑。大暑表示炎热至极。这时正值“中伏”前后，全国大部分地区进入一年中最热时期。

我国古人对大暑时节的物候现象描述为：“初候腐草为萤，二候土润溽暑，三候大雨时行。”萤火虫分水生与陆生两种，陆生的萤火虫产卵于枯草上，大暑时节萤火虫卵化而出，所以古人认为萤火虫是腐草变成的；接下来天气开始变得闷热，土地也很潮湿；然后时常有大的雷雨会出现，这大雨使暑湿减弱，天气开始向立秋过渡。

大暑时节，我国许多地区常常受大陆高压控制，高压产生的下沉气流在下沉过程中增温，使天空晴朗少云，太阳辐射强烈。滚滚热浪，烘烤着大气，气温居高不下。一般来说，在日最高气温高于35 ℃的炎热日子里，中暑的人数明显增多。而当日最高气温达37 ℃以上时，中暑的人数会急剧增加，特别是在副热带高压控制下的长江中下游地区，骄阳似火，潮湿微风，更令人感到闷热难当。在这个时节要特别注意防暑降温。

▶ “大暑”时节咋防暑？

衣：最好穿浅色宽松、吸汗透气的棉麻类衣服。食：多吃丝瓜、西兰花和茄子等当季蔬菜和西瓜等水果，及时补充水分，但应少喝饮料。住：使用空调的房间室内外温差不超过5 ℃为宜，天气再热，空调室内温度也不宜低于24 ℃，不要贪凉快，长期躲在空调房内吹冷风。行：夏日出门记得打伞，戴帽子，涂些防晒护肤品，最好不要在10—16时时在烈日下行走，因为这个时段的阳光最强烈，发生中暑的可能性是平时的10倍！

【诗词佳句赏析】

何以销烦暑，端居一院中。
眼前无长物，窗下有清风。
热散由心静，凉生为室空。
此时身自得，难更与人同。

唐代诗人白居易在《销夏》这首小诗中告诉我们，应对烦人暑热的妙招是：心静自然凉！

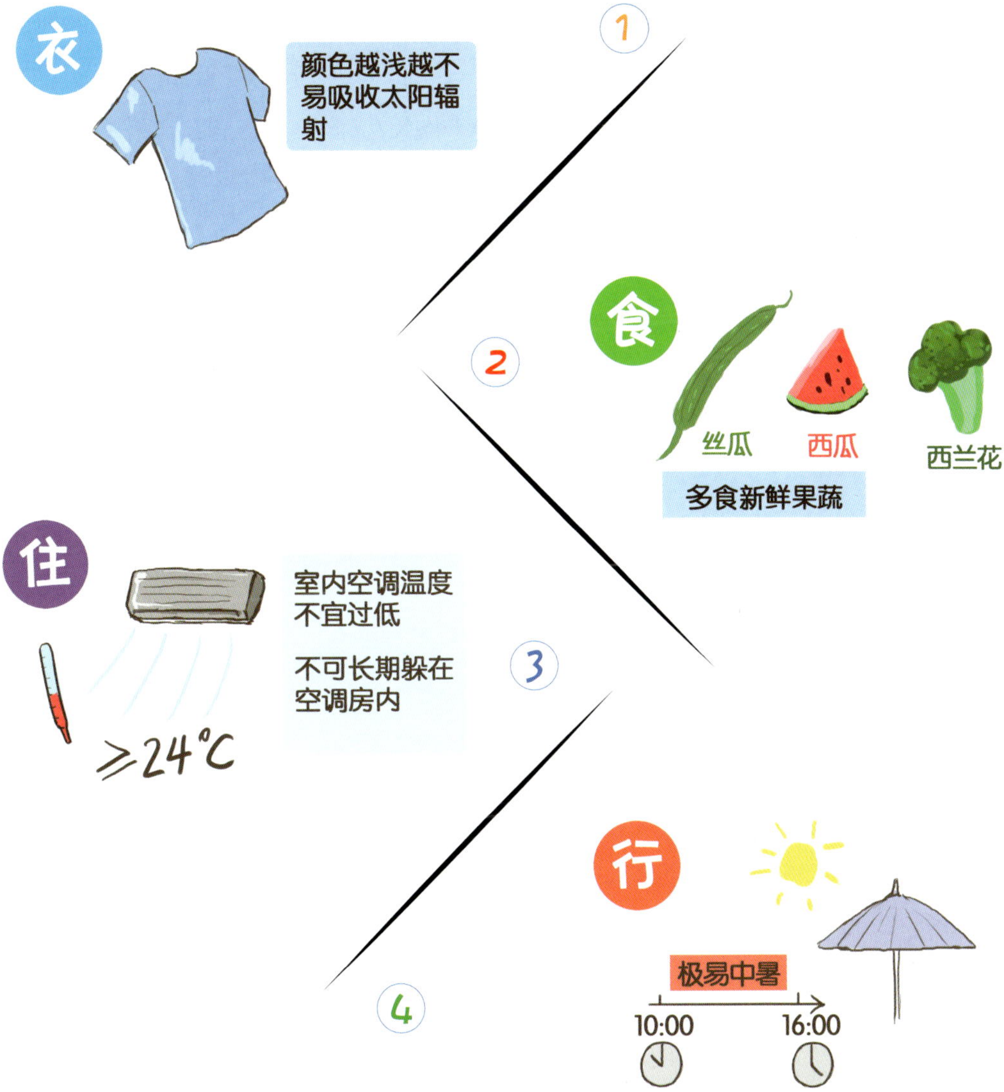

衣
颜色越浅越不易吸收太阳辐射
1
食
丝瓜
西瓜
西兰花
多食新鲜果蔬
2
住
室内空调温度不宜过低
不可长期躲在空调房内
≥24℃
3
行
极易中暑
10:00
16:00
4

7.14 立秋

每年 8 月 7 日前后，太阳到达黄经 135° 时为立秋。立秋表示暑去凉来，是一个反映季节转换的节气。同时也表示草木开始结果孕子，收获季节到了。我国古人对立秋时节的物候现象描述为："初候凉风至，二候白露降，三候寒蝉鸣。"意思是立秋后，逐渐增多的干爽的小北风给人们带来了丝丝凉意；由于白天日照仍很强烈，夜晚的凉风刮来形成的昼夜温差，使空气中的水汽在清晨凝结成露珠；这时候的蝉，食物充足，温度适宜，起劲鸣叫着，像在宣告炎热的夏天过去了。

立秋后虽然一时暑气难消，还有"秋老虎"的余威，但天气总的趋势是逐渐凉爽。由于我国各地地理位置的南北差异、地表以及海拔高度的差异太大，不可能都在立秋这一天同时进入秋天。气象学意义上的入秋标准，是连续 5 天日平均气温低于 22 ℃，第一天即确定为入秋时间。按照这个标准，北京地区平均在 9 月 9 日进入秋季，但每年的入秋时间不尽相同。北京历史上最晚入秋时间为 1987 年 9 月 24 日。

【诗词佳句赏析】

乳鸦啼散玉屏空，一枕新凉一扇风。
睡起秋声无觅处，满阶梧桐月明中。

诗为宋代诗人刘翰的《立秋》。待乳鸦声散去时，只有玉色屏风空虚寂寞地立着。秋风习习，顿觉枕边清新凉爽，就像有人在床边扇扇子一样。睡梦中听见外面阵阵秋风，醒来却什么也找不到，只看见落满台阶的梧桐叶沐浴在清朗的月光中。据说在立秋的时节，梧桐的叶子最先凋落。

立秋：每年阳历8月7日前后

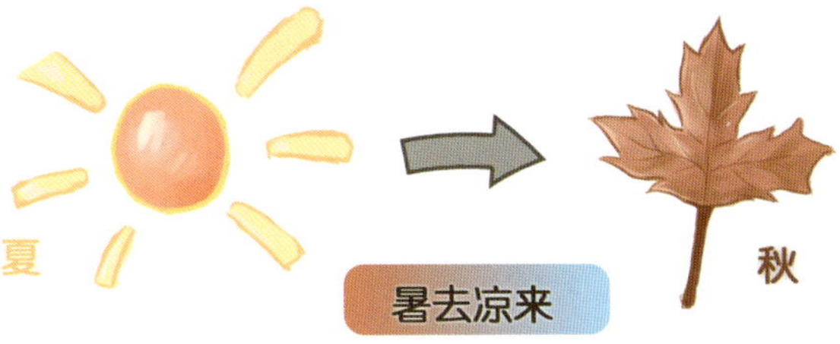

1

2

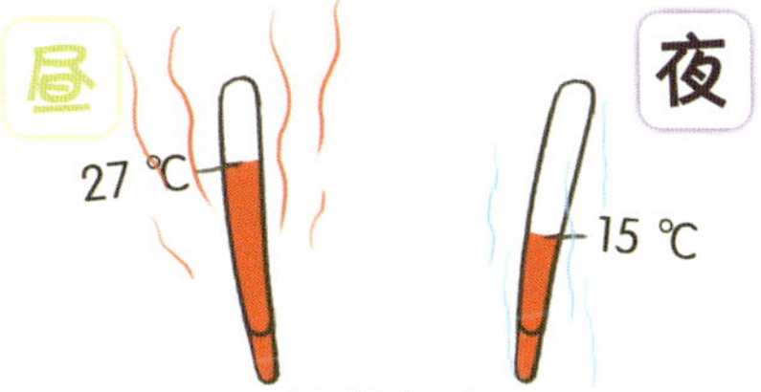

温差加大

但要小心“秋老虎”

3

北京有“贴秋膘”的习俗

4

7.15 处暑

每年的 8 月 23 日前后，太阳到达黄经 150° 时为处暑。这是反映气温变化的一个节气。“处”含有躲藏、终止意思，“处暑”表示炎热暑天结束了。此后我国大部分地区气温逐渐下降，已不再暑气逼人。民谚有“一场秋雨一场寒”“立秋三场雨，麻布扇子高搁起”等。我国古人对处暑时节的物候现象描述为：“初候鹰乃祭鸟，二候天地始肃，三候禾乃登。”意思是处暑后老鹰开始大量捕猎鸟类，万物开始凋零，黍、稷、稻、粱类农作物成熟了。

▶ 为什么处暑后气温下降，“一场秋雨一场寒”呢？

两个原因：一是太阳的直射点继续南移，太阳辐射减弱；二是副热带高压大踏步地向南撤退，蒙古冷高压开始频频出动，南下影响我国。冷高压控制下形成的干冷的下沉气流使北方地区雨季结束，呈现秋高气爽的好天气。而每当有冷空气影响我国时，若空气干燥，往往带来刮风天气，若大气中有暖湿气流输送，往往形成一场像样的秋雨。每每风雨过后，特别是下雨过后，人们会感到较明显的降温。所以有“一场秋雨一场寒”之说。

【诗词佳句赏析】

离离暑云散，袅袅凉风起。
池上秋又来，荷花半成子。

诗为唐代诗人白居易的《早秋曲江感怀》。处暑时节，就连天上的云彩也显得疏散自如，而不像盛夏时浓云成团成块。柔和的凉风习习吹来，让人感到阵阵凉爽，农作物都已进入成熟期，夏天娇艳的荷花已变成结满莲子的莲蓬。诗人用平实自然的笔调写出了夏暑消退、初秋来临时的天气变化。

1

2

原因1：太阳直射点南移

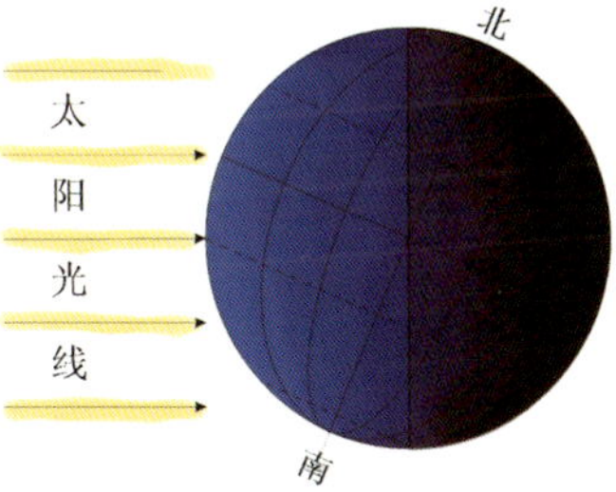

原因2：副热带高压南退

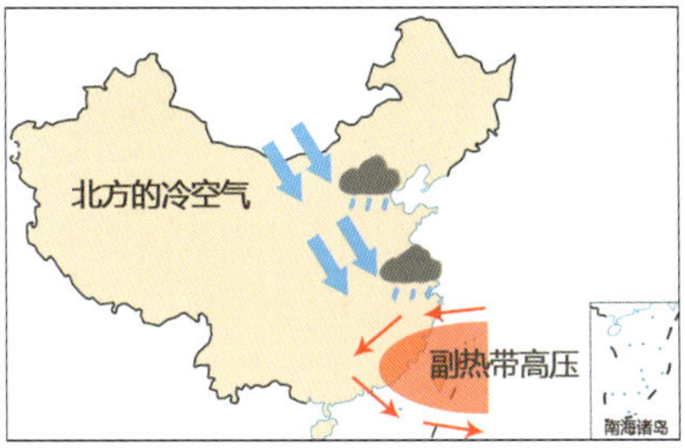

3

4

人体感觉“凉飕飕”

降温

7.16 白露

每年 9 月 8 日前后，太阳到达黄经 165° 时为白露。此时气温开始下降，天气转凉，清晨的露水随之日益加厚，聚集成一颗颗大水滴，古人称之为白露。我国古人对白露时节的物候现象描述为：“初候鸿雁来，二候玄鸟归，三候群鸟养羞。”意思是说此节气正是鸿雁与燕子等候鸟南飞避寒之时，百鸟开始贮存食物以备过冬。

俗话说：“白露秋分夜，一夜冷一夜。”进入白露节气后，冷空气逐渐频繁南下，加上太阳直射地面的位置南移，北半球日照时间变短，日照强度减弱，夜间常晴朗少云，地面辐射散热快，所以温度下降速度也逐渐加快。此时，我国北方地区降水明显减少，秋高气爽，空气比较干燥。

【诗词佳句赏析】

白露凋花花不残，凉风吹叶叶初干。

无人解爱萧条境，更绕衰丛一匝看。

诗为唐代诗人白居易的《衰荷》。白露时节的荷花将落未落，雨后风中荷叶被吹干的情境让人不禁想象花凋叶落后的景象。诗人用“无人解爱”与自己的“更绕衰丛一匝看”进行对比，表达了对为什么别人不爱凋零荷花的困惑，抒发了自己对萧条景色的喜爱之情。

白露：每年阳历9月8日前后

1

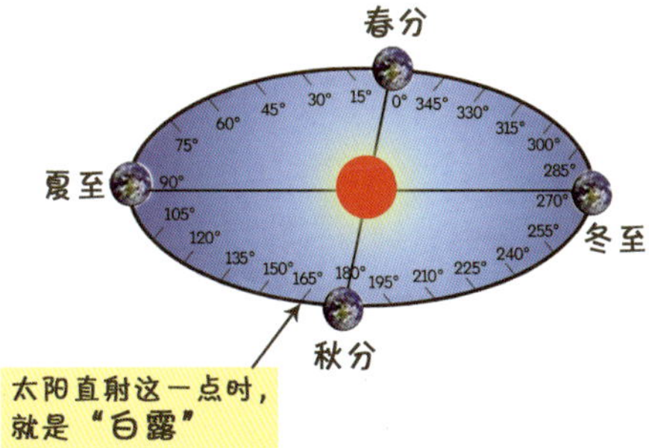

2

冷空气来，暖空气走

3

4

7.17 秋分

每年 9 月 23 日前后，太阳到达黄经 180° 时为秋分。秋分有两个含义：一是平分秋季，按我国古代以立春、立夏、立秋、立冬为四季开始划分四季，秋分日居于秋季 90 天之中；二是昼夜均分，与春分日一样，秋分日阳光直射赤道，昼夜等长，此后阳光直射位置南移，北半球白天逐渐变短，黑夜变长。

我国古人对秋分时节的物候现象描述为："一候雷始收声，二候蛰虫坯户，三候水始涸。"意思是说秋分后阴气开始旺盛，所以不再打雷了。"坯"字是细土的意思，由于天气变冷，蛰居的小虫开始藏入穴中，并且用细土将洞口封起来以防寒气侵入。"水始涸"是说此时降雨量开始减少，天气干燥，水分蒸发快，一些沼泽及水洼处便处于干涸之中。

秋分后太阳直射的位置移至南半球，北半球得到的太阳辐射越来越少，而地面散失的热量却较多，气温降低的速度明显加快。昼夜温差逐渐加大，幅度将高于 10 ℃，一天比一天冷，逐渐进入深秋季节。在我国的华北地区有农谚："白露早，寒露迟，秋分种麦正当时。"此时正是播种冬小麦的时间。

【诗词佳句赏析】

自古逢秋悲寂寥，我言秋日胜春朝。

晴空一鹤排云上，便引诗情到碧霄。

诗为唐代诗人刘禹锡的《秋词》。诗人用鲜明、爽朗的色彩，描绘出了一幅壮丽、开阔的秋日图景，表达了与众不同的感受——"秋日胜春朝"。

秋分：每年9月23日前后

1

2

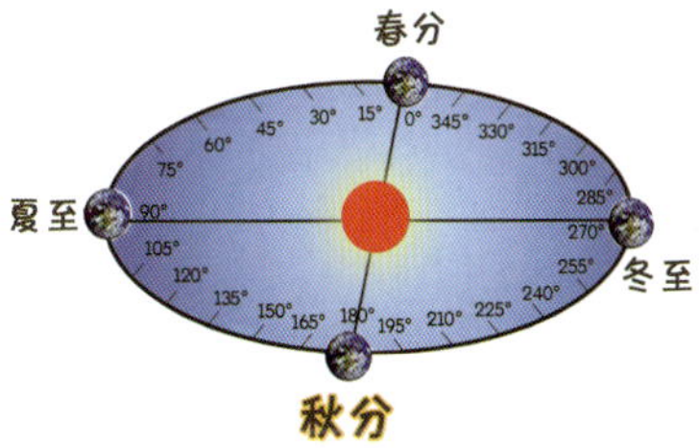

秋分：白天、黑夜等长

此后：直射点南移
白天渐短，夜渐长

3

4

秋收、秋耕、秋种

7.18 寒露

每年10月8日前后，太阳到达黄经195°时为寒露。“寒露”的意思是此时期的气温比“白露”时更低，地面的露水更冷。标志着天气由凉爽向寒冷过渡，“寒露寒露，遍地冷露”。

我国古人对寒露时节的物候现象描述为：“初候鸿雁来宾，二候雀入大水为蛤，三候菊有黄华。”意思是鸿雁排成“一”字或“人”字形的队列大举南迁；深秋天寒，雀鸟都不见了，古人看到海边突然出现很多蛤蜊，并且贝壳的条纹及颜色与雀鸟很相似，所以便以为是雀鸟变成的；接下来是菊花盛开。

寒露以后，北方冷空气已有一定势力，我国大部分地区在冷高压控制之下，雨季结束。天气常是昼暖夜凉，晴空万里，一派深秋景象。由于受到高压控制，大气层结稳定，在连日无风的情况下，城市中容易出现雾、霾天气。

【诗词佳句赏析】

萧疏桐叶上，月白露初团。滴沥清光满，荧煌素彩寒。

风摇愁玉坠，枝动惜珠干。气冷疑秋晚，声微觉夜阑。

凝空流欲遍，润物净宜看。莫厌窥临倦，将晞聚更难。

诗为唐代诗人戴察的《月夜梧桐叶上见寒露》。诗人细腻地描写了寒露的生成、形态、变化和消失：月白风高的秋夜，从稀疏的梧桐树叶上，滴落下晶莹的露珠，秋风摇动下的寒露像珠玉摇摇欲坠叫人惆怅，可惜它已快被风干；在这寒气逼人的晚秋时节，已是夜深人静；但悬在空中的露珠好像持续不断地滴下来，它所湿润的物体让人看起来赏心悦目；不要为这样近距离观察露珠感到厌倦，要是在晨光下露珠蒸发了，再凝聚可就难了。

寒露寒露，遍地冷露

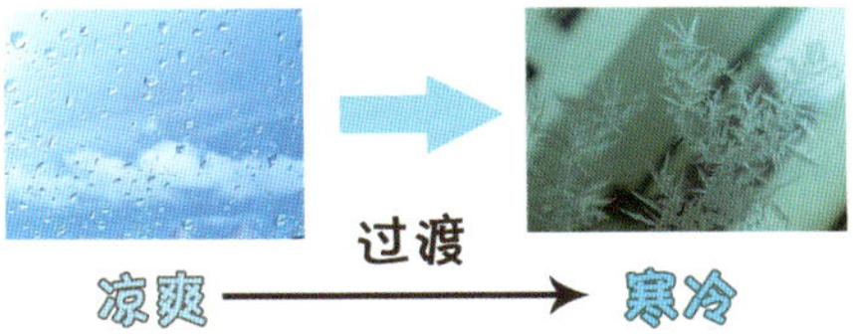

1

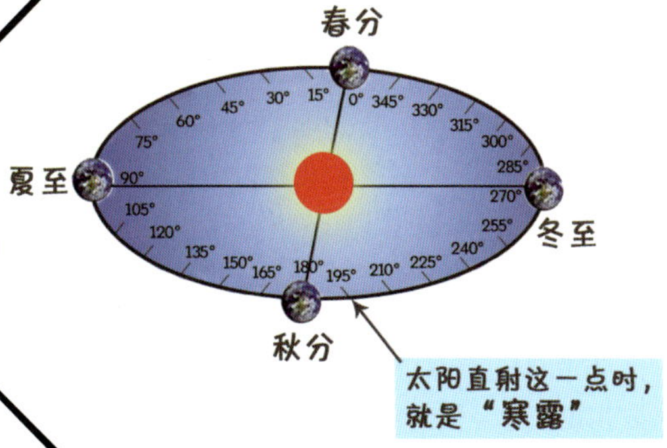

2

3

4

7.19 霜降

每年 10 月 23 日前后，太阳到达黄经 210° 时为霜降。这是秋季的最后一个节气，也是向冬季过渡的节气。“霜降”含有天气渐冷、出现霜的意思。霜并非从天而降，而是当夜晚气温下降到 0 ℃以下，近地面空中的水汽在地面或地物上直接凝华而成的白色疏松的冰晶。

我国古人对霜降时节的物候现象描述为：“初候豺乃祭兽，二候草木黄落，三候蛰虫咸伏。”意思是此时豺狼将捕获的猎物陈列后再食用像在祭天报恩一样，大地上的树叶枯黄掉落，蛰虫也在洞中不动不食，垂下头来进入冬眠状态。

“霜降始霜”反映的是黄河流域的气候特征。秋季出现的第一次霜称为初霜，初霜越早对作物危害越大。我国各地的初霜是自北向南、自高山向平原逐渐推迟的。除全年有霜的地区外，最早见霜的是大兴安岭北部，一般 8 月底便可见霜；北京平原地区的初霜平均出现在 10 月 13 日。1980 年以来，北京的初霜最早出现在 10 月 1 日（1990 年），最晚出现在 10 月 29 日（2001 年）。

【诗词佳句赏析】

远上寒山石径斜，白云生处有人家。

停车坐爱枫林晚，霜叶红于二月花。

诗为唐代诗人杜牧的《山行》。这是一首脍炙人口的秋色的赞歌。诗人于萧瑟秋风中摄取绚丽秋色，与春光争胜，令人赏心悦目。这首小诗不只是即兴咏景，而且进而咏物言志，是诗人精神世界的表露。

霜降：每年10月23日前后，是秋季的最后一个节气

天气渐冷，出现霜

1

霜降 不是从天而降的哦！

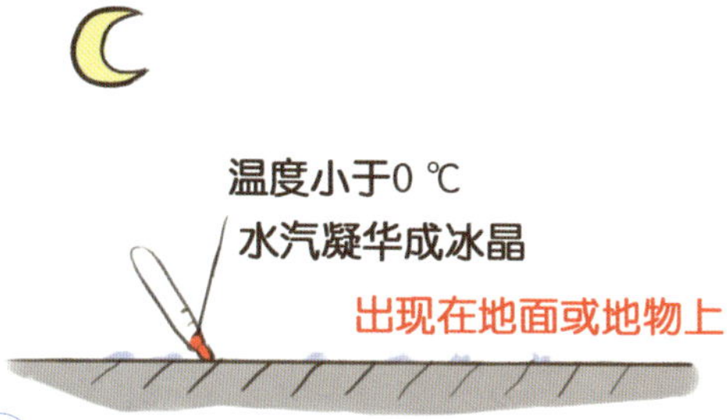

2

霜叶红于二月花

3

4

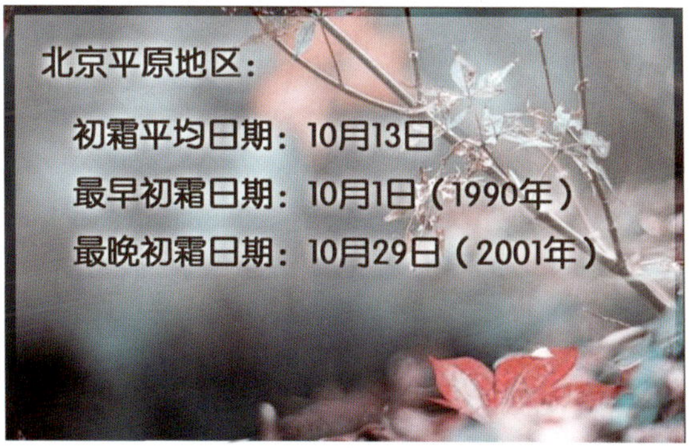

7.20 立冬

每年 11 月 7 日前后，太阳到达黄经 225° 时为立冬。这是冬季的第一个节气，也是季节转换的节气。此时北半球获得的太阳辐射量越来越少，由于地表夏半年贮存的热量还有一定的剩余，所以一般还不太冷。但这时北方冷空气已具有较强的势力，频频南侵，有时形成大风、降温，并伴有雨雪的寒潮天气。在两次冷空气活动的间隙期间，北方的大城市容易形成雾、霾天气，影响人们的健康和交通运输。

我国古人对立冬时节的物候现象描述为：“初候水始冰，二候地始冻，三候雉入大水为蜃。”意思是此节气水已经能结成冰，土地也开始冻结。“雉”是指野鸡一类的大鸟，蜃为大蛤，立冬后，野鸡一类的大鸟便不多见了，而海边却可以看到外壳与野鸡的线条及颜色相似的大蛤。所以古人认为雉到立冬后便变成大蛤了。

农历的“立冬”并不是气象学上冬季的开始。按气候学划分四季标准，以下半年 5 天平均气温降到 10 ℃以下为冬季，按这个标准，北京地区常年平均入冬时间在 10 月底或 11 月初。

【诗词佳句赏析】

细雨生寒未有霜，庭前木叶半青黄。
小春此去无多日，何处梅花一绽香。

诗为宋代诗人仇远的《立冬即事二首》之一。深秋后乍寒还暖的细雨中还能见到半青黄的叶子缤纷飘落。冬天到了，春天也就不远了，仿佛梅花已在远处开放，香气袅袅……

立冬：每年11月7日前后

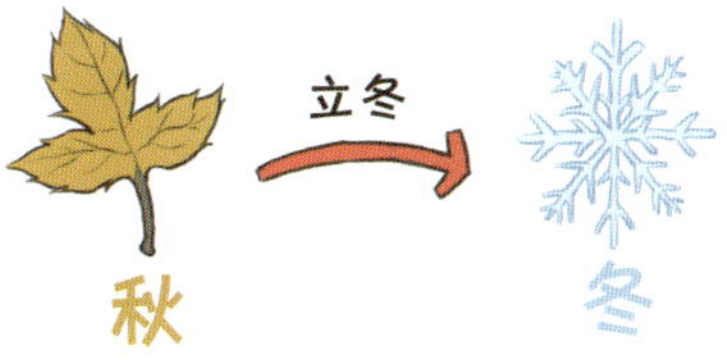

1

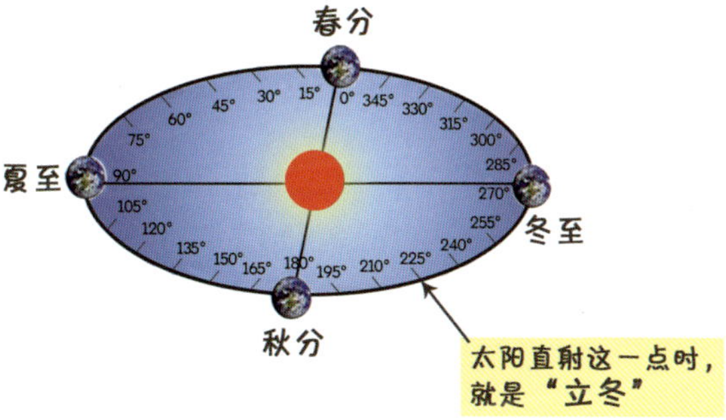

2

古人这样描述：

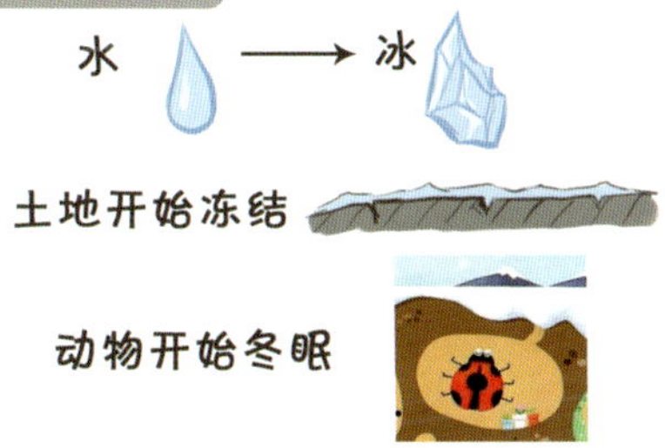

3

4

实际上，立冬并不是气象学上冬季的开始

冬季划分标准：下半年连续5天日平均气温低于10℃

7.21 小雪

每年 11 月 22 日前后，太阳到达黄经 240° 时为小雪。进入小雪节气，意味着气温持续走低，天气寒冷，降水状态常由雨变成雪。小雪节气是寒潮和强冷空气活动频数较高的节气。强冷空气影响时，常伴有入冬第一次降雪。

小雪节气与日常天气预报所说的“小雪”意义不同。小雪节气是一个气候概念，它代表的是小雪节气期间的气候特征；而天气预报中的“小雪”是指降雪强度较小的雪。在国家标准中，24 小时降雪量为 0.1～2.4 毫米的降雪被称为小雪。我国古人对小雪时节的物候现象描述为：“初候虹藏不见，二候天气上升，三候闭塞成冬”。意思是由于气温降低，北方以下雪为多，不再下雨了，彩虹也就看不见了；又因空气中水分稀少，形成云朵的机会变少，所以一派天高云淡的景象；进入冬季后，天气一天天寒冷，小溪停止流动，河流开始结冰。

【诗词佳句赏析】

北风卷地白草折，胡天八月即飞雪。
忽如一夜春风来，千树万树梨花开。
散入珠帘湿罗幕，狐裘不暖锦衾薄。

诗为唐代诗人岑参《白雪歌送武判官归京》的节选。抒写的是塞外送别、雪中送客之情：北风席卷大地刮断了白草，塞北的天空八月就飞洒雪花。就好像忽然一夜春风吹来，千万树洁白的梨花斗艳盛开。其中“忽如一夜春风来，千树万树梨花开”已成为脍炙人口的名句。

小雪：每年11月22日前后

1

降水状态常由雨变成雪

2

小雪节气是一个气候概念，天气预报中的“小雪”指降雪强度较小的雪

3

北京初雪：最早10月2日，最晚次年2月11日

4

注意防寒保暖

7.22 大雪

每年 12 月 7 日前后，太阳到达黄经 255° 时为大雪。《月令七十二候集解》说："大者，盛也，至此而雪盛也。"大雪的意思是天气更冷，降雪的可能性比小雪节气时更大了。大雪时节，除华南和云南南部无冬区外，我国大部分地区的最低温度都降到了 0 ℃或以下，东北、西北地区平均气温已降至 -10 ℃以下，黄河流域和华北地区气温也稳定在 0 ℃以下。在强冷空气前沿冷暖空气交锋的地区，往往会降大雪，甚至暴雪。在气候正常年份，黄河流域以及以北地区已有积雪出现，冬小麦已停止生长。

我国古人对大雪时节的物候现象描述为："初候鹖鴠不鸣，二候虎始交，三候荔挺出。"意思是说此时因天气寒冷，寒号鸟也不再鸣叫了；由于此时是阴气最盛时期，正所谓盛极而衰，阳气已有所萌动，所以老虎开始有求偶行为；"荔挺"为兰草的一种，也感到阳气的萌动而抽出新芽。

为什么说"瑞雪兆丰年"呢？

其一，下雪有助于土壤保温。大雪时节的降雪就像给大地盖上了一条又大又软的棉被。这"棉被"可以防止土壤中的热量向外散发，又可阻止外界冷空气的侵入，对越冬作物有防冻保暖作用。其二，积雪融化时又增加了土壤水分含量，就像进行了一次灌溉一样，对缓解春旱、做好春耕播种大有好处，可供作物春季生长的需要。其三，雪水中氮化物的含量是普通雨水的 5 倍，还有一定的肥田作用。所以民间有"瑞雪兆丰年""今冬麦盖三层被，来年枕着馒头睡"的农谚，并流传至今。

【诗词佳句赏析】

千山鸟飞绝，万径人踪灭。
孤舟蓑笠翁，独钓寒江雪。

诗为唐代诗人柳宗元的《江雪》。诗人用飞鸟无踪、行人绝迹描绘出一个一尘不染、万籁无声的世界，虽然没有直接描写"雪"，但读者似乎已经见到白雪茫茫，感受到了凛冽逼人的寒气。

强冷空气前沿冷暖空气交锋的地区，往往会降大雪，甚至暴雪

1

2

气候正常年份，黄河流域及以北地区已有积雪出现

3

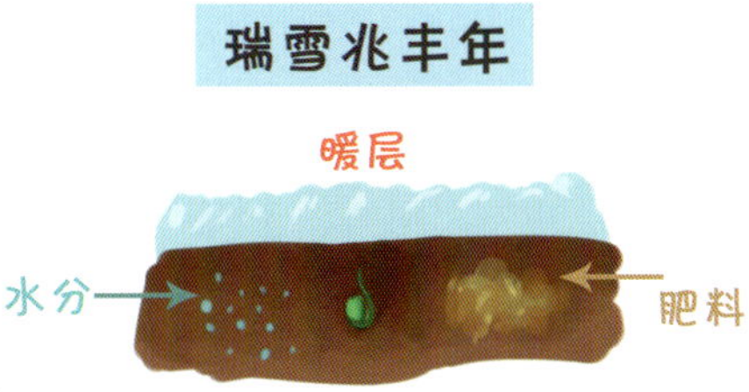

4

7.23 冬至

每年 12 月 22 日前后，太阳到达黄经 270° 时为冬至。此时，太阳直射南回归线，北半球白天最短，黑夜最长。冬至以后，随着地球在绕日轨道上运行，阳光直射地带逐渐北移，使北半球白天逐渐增长，夜晚逐渐缩短。我国古人对冬至时节的物候现象描述为：“初候蚯蚓结，二候麋角解，三候水泉动。”传说蚯蚓是阴曲阳伸的生物，此时阳气虽已生长，但阴气仍然十分强盛，土中的蚯蚓仍然蜷缩着身体；麋因感阴气渐退而开始脱落犄角；山中的泉水开始涌动。我国古代对冬至很重视，冬至被当作一个较大节日，曾有“冬至大如年“的说法，而且有庆贺冬至的习俗。因为人们认为：过了冬至，白昼一天比一天长，阳气回升，是一个节气循环的开始，也是一个吉日，应该庆贺。

为什么说“冷在三九”呢？

既然冬至这天是北半球一年中白昼最短，太阳光线与地面的夹角最小，地面得到太阳热量最少的一天，为什么不是“冷在冬至”，而是“冷在三九”呢？这是因为地面的气温冷暖，不仅受太阳光线照射强弱的影响，还与地面散热有关。在冬至时，虽然地表得到的太阳辐射最少，但还有土壤深层的热量补充，所以还不是全年最冷的时候。等到冬至过后，也是到“三九”前后，土壤深层的热量已消耗殆尽，尽管得到的太阳辐射稍有增加，但仍是入不敷出，于是便出现全年的最低温度。

我国古人将冬至后的八十一天划分为九个阶段，每九天为一个“九”，冬至是数九的第一天。一般到“三九”前后天气最冷，所以我国民间有“冷在三九”的说法。

【诗词佳句赏析】

一九二九不出手；三九四九冰上走；
五九六九沿河看柳；七九河开八九雁来；
九九加一九，耕牛遍地走。

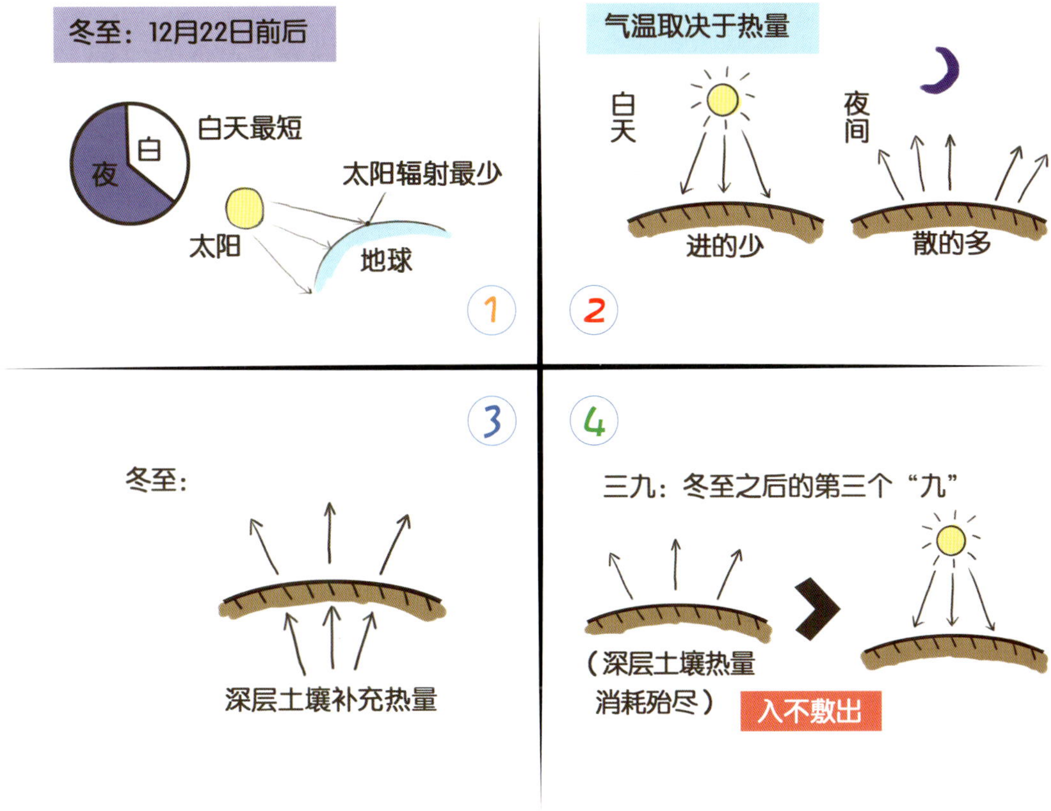

冬至过后，进入“数九”寒冬。这首《九九歌》的产生和流传由来已久。关于“数九”习俗的文字记载，最早见于公元 550 年南北朝时期梁朝宗懔所著《荆楚岁时记》，到现在已有一千四百多年的历史了。从开始数到九尽春深，正是一个由冬寒到春暖的渐变过程。古人细致观察并编成歌谣，既有情趣，又便于记忆。当然，因为我国地跨北温带和亚热带，各地气候冷暖变化不一样，所以各地《九九歌》的内容也不一样。这是北方的《九九歌》。

7.24 小寒

每年1月6日前后，太阳到达黄经285°时为小寒。“小寒”是反映温度变化的节气。意思是天气虽然寒冷，但还不到最冷的时节，故名“小寒”。在此节气时，我国大部分地区已进入严寒时期，土壤冻结，河流封冻，加之北方冷空气不断南下，天气寒冷，所以民间有“小寒大寒，冻作一团”的说法。

我国古人对小寒时节的物候现象描述为：“初候雁北乡，二候鹊始巢，三候雉始鸲。”意思是在候鸟中，大雁开始向北迁移，但还不是迁移到我国的最北方，只是离开了南方最热的地方；接下来喜鹊感觉到阳气而开始筑巢；然后是野鸡也感到了阳气的滋长而鸣叫。

小寒时节主要的灾害天气是寒潮。寒潮是指来自高纬度地区的寒冷空气，在特定天气形势下迅速加强南下，造成沿途大范围剧烈降温、大风和大雪天气。寒潮对农业、牧业、交通、电力，甚至人们的健康都有比较大的影响。

▶ 你知道什么是“二十四番花信风”吗？

我们的古人很早就发现植物的萌芽、发叶、开花、结果、叶黄、叶落都是受气候变化制约的。冬去春来，从小寒到谷雨这八个节气里的二十四候（每5天为一候，每个节气有三候），每一候都有一种花卉绽蕾开放，人们把花开时吹来的风叫作“花信风”，于是便有了“二十四番花信风”之说。这个说法在南北朝时期的大臣、著名学者宗懔撰写的《荆楚岁时说》中就有记载：“始梅花，终楝花，凡二十四番花信风。”《荆楚岁时说》是我国现存最早的记载古代岁时节令的专著。

为了准确形容，人们在二十四候每一候内开花的植物中，挑选一种花期最准确的植物为代表，将其称之为这一候的花信风：

小寒：一候梅花，二候山茶，三候水仙。大寒：一候瑞香，二候兰花，三候山矾。
立春：一候迎春，二候樱桃，三候望春。雨水：一候菜花，二候杏花，三候李花。
惊蛰：一候桃花，二候棠棣，三候蔷薇。春分：一候海棠，二候梨花，三候木兰。
清明：一候桐花，二候麦花，三候柳花。谷雨：一候牡丹，二候荼蘼，三候楝花。

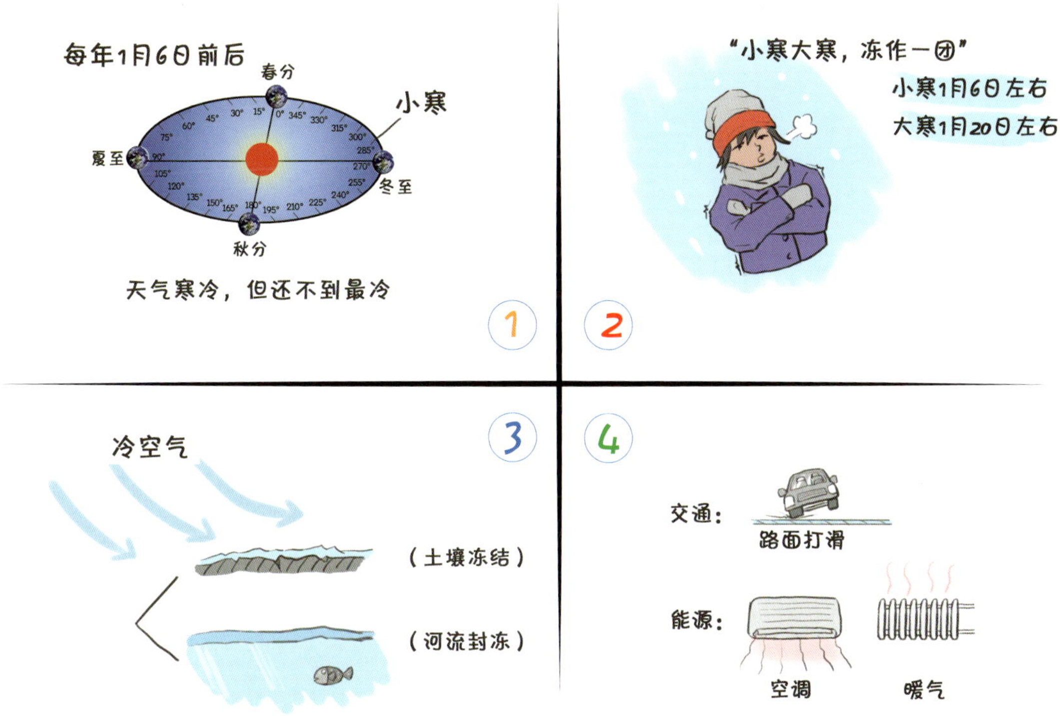

从小寒时节的梅花盛开，到谷雨节气的楝花绽放，经过二十四番花信风之后，夏季便来临了。二十四番花信风不仅反映了花开与时令的自然现象，更重要的是可以利用这种现象来掌握农时，安排农事。比如“桃花开，燕子来，准备谷种下田畈”“荷花开，秧正栽”“菊花黄，种麦忙”。

【诗词佳句赏析】

江雨蒙蒙作小寒，雪飘五老发毛斑。

城中咫尺云横栈，独立前山望后山。

诗为宋代诗人黄庭坚的《驻舆遣人寻访后山陈德方家》。正是小寒时节，长江上一片冷雨迷茫，远处白雪皑皑的庐山五老峰，就像是五个须发斑白的老人一样。沉沉浓云低压在九江城头，诗人独自站立在庐山的前山遥望着后山，等待着前往后山去访寻的仆人与朋友一起回来。

7.25 大寒

每年 1 月 20 日前后，太阳到达黄经 300° 时为大寒。大寒也是反映寒冷程度的节气。大寒是表示寒冷至极的意思。大寒时节正处于四九，这时寒潮南下频繁，雨雪量逐渐增多，风大，低温，地面积雪不化，是我国大部地区一年中的寒冷时期。

我国古人对大寒时节的物候现象描述为："初候鸡始乳，二候征鸟厉疾，三候水泽腹坚。"就是说到大寒节气便可以孵小鸡了；鹰隼风驰善猎，盘旋于空中到处寻找食物；在一年的最后五日内，水域中的冰一直冻到水中央，且冰冻三尺坚不可破。

寒潮和强冷空气带来的大风、降温天气，是我国此时主要的灾害性天气。

▶ 冷辐射——身边的隐形杀手

什么是冷辐射呢？当人在靠近冰冷的墙壁或寒冷的物体时，会产生冷的感觉，这就是冷辐射所致。冷辐射的产生是因为温度高的物体会向温度低的物体以辐射的方式传热。如人体比旁边的墙壁或者制冷器温度高，人体的热量就会被这些冷的物体吸收，从而降低人体表面温度，使人感觉到冷。

冷辐射不同于寒风迎面直吹，而是以一种弥散的方式释放，常常是悄无声息地侵入人体，因此，这种辐射对人体的伤害相当大，可能会导致局部组织出现血液循环障碍，血压升高，心跳加快，尿量增多，感觉寒冷。甚至可能诱发心肌梗死、脑出血、胃出血、关节肿痛等。

防御冷辐射的办法主要有：冬季出门穿双厚底鞋，防止地面的寒气对脚踝、膝盖等部位造成辐射影响；严寒天气少在楼群间散步锻炼，以防无形中受到寒凉的外立墙面的冷辐射影响，最好在阳光充足、相对开阔的场地中锻炼；避免把床安置在靠窗位置或者外墙面一侧，可将床与墙面拉开 30 厘米左右的距离。

【诗词佳句赏析】

旧雪未及消，新雪又拥户。阶前冻银床，檐头冰钟乳。

清日无光辉，烈风正号怒。人口各有舌，言语不能吐。

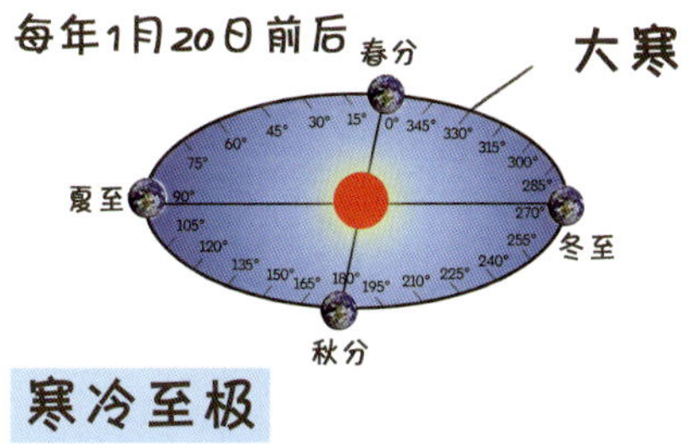

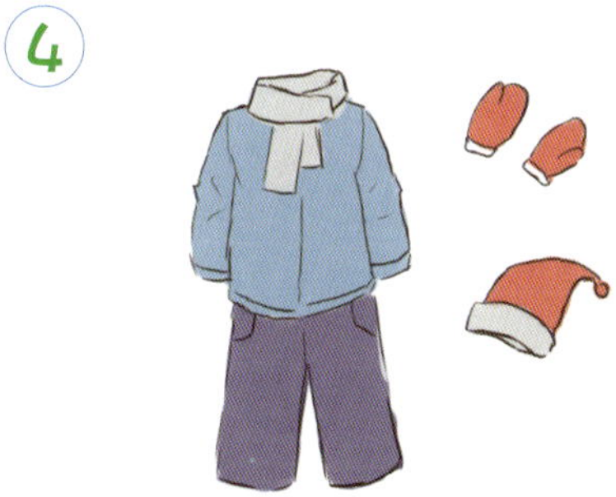

诗为宋代诗人邵雍的《大寒吟》。旧雪尚未消融，新雪又封门闭户。长长的石阶覆盖着厚厚的白雪，就像是银色的床铺一样，屋檐垂挂着钟乳石一样的冰柱。冬阳清冷无温，肆虐的暴风却在狂怒地呼号。人们口中的舌头都被冻得不能言语！

第八章

天气趣谈

8.1 你认识这些字吗

相信很多朋友在 2012 年之前，都还不认识“霾”这个字，更别说知道这个字的意思了。不只是“霾”，气象学里还有其他的生僻字，一起跟着漫画来看图识字吧。

“幡（fān）”不是生僻字，古时酒家门前扯起的“旗帜”就是一种“幡”。但“雨幡”这种天气现象可就算得上生僻了。什么是雨幡呢？雨滴从云中落下，如果空气十分干燥，就有可能出现雨滴尚未落到地面就蒸发的现象。在空中蒸发的雨滴在云底部聚集，形成了丝缕状的悬垂物，这样的悬垂物就是雨幡。

“霰（xiàn）”，一个字就表示了一种天气现象。霰是一种固态降水，但和雪、雹不同。大自然鬼斧神工，云中气温特别低时，不仅会有冰晶，还会出现温度低于 0 ℃的液态水滴，被称为过冷却水滴。当过冷却水滴接触到冰晶时，就会凝固在其表面。冰晶在云中移动，越来越多的过冷却水滴在其表面凝固，当空气浮力不足以支撑它时，就从云中落下，这就是“霰”。最后要说的是，霰只有一个读音，“霰弹枪”可别读作“散弹枪”。

“飑（biāo）线”。关注天气比较多的朋友或许会关注过这个词，漫画里有很学术的解释，这里就不复述了。通俗一点讲就是，单个雷暴云的影响范围不大，但强对流天气影响时，会有很多雷暴云排列成一排，形成强对流云带。在雷达图上看起来就是一条线状的“西红柿”，这就是飑线。飑线能带来大风、雷电等强对流天气。

“凇（sōng）”这个字大家了解的比较多，比如“雾凇”“雨凇”等，指的是在地表或地面物体上，雾滴或雨滴的冻结物。之所以把这个字列出来，是希望告诉大家“凇”和“淞”是不同的字。“雾凇”的凇，偏旁是两点水，而“淞沪会战”的淞，偏旁是三点水。前者为气象学的专有名词，而后者仅用于地名，千万别混淆了。

fān
雨幡

1

雨滴在下落过程中由于不断蒸发，在云层底部形成的丝缕状悬垂物

xiàn
霰

2

过冷水滴碰撞冰晶，冻结合并形成的固态降水

biāo
飑线

3

带状的雷暴群所构成的风向、风速突变的一种中至小尺度的强对流天气

4

sōng
凇

地表或地面物体上，雾滴或雨滴的冻结物

8.2 云有多少种

天上的云好像被魔法师施了法术，有的像松软可口的棉花糖，有的像羽翼丰满的天鹅，有的像狂怒咆哮的雄狮，惟妙惟肖。那么究竟云有多少种呢?

云是大气中水汽遇冷凝结（或凝华）形成的水滴、冰晶或者它们的混合物。目前国际上将云分为低、中、高云和直展云，我国以这一分类体系为基础，结合实际观测、预报的需要和云的基本外形，将云分成 3 族 10 属，共 29 类。根据云底高度，分为高云族、中云族和低云族。

高云族的云，云底高度通常大于 5500 米，形成于对流层较冷的部分。高云族分 3 属，都是卷云类，且都由冰晶组成，一般呈纤维状，薄薄的，并多数透明。有句谚语“天上钩钩云，地上雨淋淋”，“钩钩云”在气象上叫作钩卷云，这种云通常出现在冷暖空气交界锋面云层的前面，预示着新的天气系统将要移来，天气将要转坏。

中云族的云，云底高度在 2500～5500 米，由小水滴和小冰晶的混合物组成。中云族分为高积云和高层云 2 个云属，高积云分为透光高积云、蔽光高积云、荚状高积云、积云性高积云、絮状高积云和堡状高积云；高层云分为透光高层云和蔽光高层云。高层云云体均匀分布，灰白色或灰色，云底常有条纹结构，多出现在锋面云系中，常布满全天。透光与蔽光的区别在于是否可以分辨出日月的位置。高积云云块较小，轮廓分明，在厚薄、层次上有很大差异，薄的云块呈白色，厚的云块呈暗灰色。荚状高积云，云块呈白色，中间厚，边缘薄，轮廓分明，孤立分散，形如豆荚。 堡状高积云，云块底部平坦，顶部突起成若干小云塔，类似远处的城堡。絮状高积云，云块边缘破碎，很像破碎的棉絮团。积云性高积云，云块大小不一，呈灰白色，外形略有积云特性，由衰退的浓积云或积雨云扩展而成。

低云族的云，云底高度一般在 2500 米以下，多由水滴组成，包括积云、积雨云、层积云、层云和雨层云 5 个云属。厚的低云或垂直发展旺盛的低云可能产生降水。雨层云常产生连续性降水，积雨云多产生阵性降水。

千姿百态的云

1

2

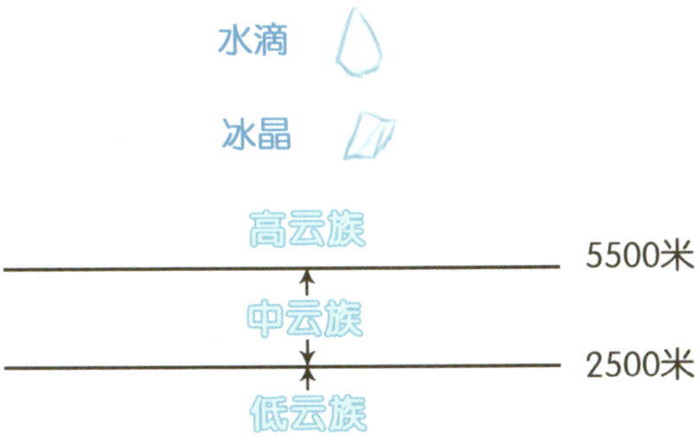

3

4

8.3 气象条件如何影响花粉传播

气象条件对植物花粉传播会产生影响，这里所说的植物主要是指风媒植物。风媒植物，顾名思义，就是指那些利用风力作为花粉传播媒介的植物，比如玉米和杨树。这些风媒植物的花粉往往具有共同的特点，如体积小，不鲜艳，没有香味，表面光滑，所以不易通过蜜蜂、蝴蝶等昆虫进行传粉，只能借助风力进行花粉传播。

气象条件对花粉传播的影响主要体现在对花粉数量的影响上。风媒植物的花粉数量有两个高峰期，第一个高峰期出现在春季（3—4 月），以乔木为主，如松树、柏树、杨树等。第二个高峰期出现在秋季（9—10 月），以草本植物为主，如葎草（拉拉秧）、豚草等。这些植物的花粉数量大、体积小，因此，在风力较大时更容易向周围传播。由此可见，气象条件对花粉传播有着重要影响。其实，除了风之外，空气的温度、湿度等都会影响花粉传播。如果是阴雨连绵，那么就可以清除掉散布在空气中的花粉，从而不利于花粉的传播；如果天气晴朗且干燥、气温较适宜，那么，空气中花粉数量就会增多，进而有利于花粉传播。

作为超大城市的北京，热岛效应尤为明显，其对花粉传播也存在一定影响，主要表现在花粉数量和致敏性上。例如，从 20 世纪中期起，在英国伦敦和瑞典斯德哥尔摩等地陆续发现，温度的升高，山桦树花粉的数量明显增多，其致敏性就会有所增加。

1

2

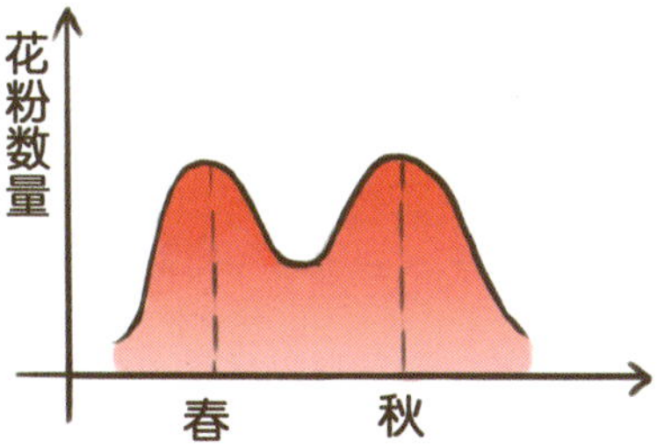

3

4

8.4 霜叶为何红于二月花

山行

远上寒山石径斜，白云生处有人家。
停车坐爱枫林晚，霜叶红于二月花。

这首诗出自唐代诗人杜牧，是一首描写和赞美深秋山林景色的七言绝句。一条石头小路蜿蜒曲折地伸向充满秋意的山峦。人在山中行走时看到远处炊烟袅袅，鸡鸣犬吠，从而感到深山充满生气，诗人停车观赏，夕照枫林的晚景实在太迷人了。诗人惊喜地发现在夕晖晚照下，枫叶流丹，层林如染，真是满山云锦，如烁彩霞，比江南二月的春花还要火红，还要艳丽！

那么问题来了，深秋时节霜叶为何比春花还要红呢？我们先来讲一下深秋的叶子为什么叫“霜叶”。霜降是秋季的最后一个节气，也是向冬季过渡的节气。当气温下降到 0 ℃以下时，近地面空气中的水汽达到饱和，植物周围的水汽直接凝华形成白色疏松的冰晶即为霜，千里草木像盖了一层美丽的霜花。

大多数植物都有绿色的叶片，这是因为叶片里存在一种囊状结构，叫叶绿体。叶绿体内主要含有叶绿素（叶绿素 a 和叶绿素 b）和类胡萝卜素（胡萝卜素和叶黄素），由于叶绿素的含量最多，遮蔽了其他颜色，而且叶绿素吸收绿光最少，绿光被反射，所以我们看到的叶子一般呈现绿色。

深秋季节来临，同时也带来了初冬的阵阵寒意，叶绿素较容易受到低温的影响，无法形成新的叶绿素，叶片的绿色也就慢慢褪去。而叶黄素对低温没有那么敏感，不断产生新的叶黄素，黄色不断加深。气温一天比一天低，绿色植物也都“换”上了黄色外套。

然而，总有一些植物喜欢自成一派，比如枫树、乌桕。霜降后，它们的叶子虽然“褪”去了绿色，但却被“染”成了红色，这也就有了诗中的“霜叶红于二月花”。原来这些植物叶片中含有特殊的物质——花青素，是由叶绿素转化而来的。这些植物为了御寒，将体内一些复杂的有机物转化成糖分。细胞液里的糖分增加后，细胞间隙里的溶液就不易结冰，由此增强了植物的抗寒能力。糖分增多后，有利于叶绿素转化为花青素。花青素的红、紫色掩盖了叶黄素的颜色，且花青素的浓度越高，颜色就越深。深秋时节，树叶中花青素含量逐渐增多，便呈现出“霜叶红于二月花”的现象。

山行

远上寒山石径斜，　白云生处有人家。

停车坐爱枫林晚，　霜叶红于二月花。

1

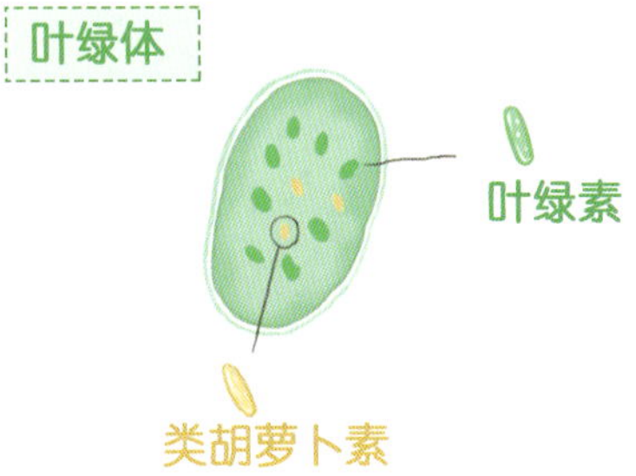

2

3

4

8.5 气象条件如何影响植物开花

每到 2 月末，天气逐渐转暖，迎春花、连翘就相继开花。进入 3 月，玉兰也开始绽放。再往后，随着气温升高，各种花卉争香斗艳，一派花团锦簇。那么，为什么各种植物开花的时间不同呢？气象条件又是如何影响植物开花的呢？

为了说明这个问题，我们首先需要了解，为什么大多数植物在冬季不开花。第三章“北京的倒春寒”一节中，我们知道，如果植物开花后，再遇到冷空气，花朵便极易被冻伤，影响授粉。冬季气温更低，花朵难以抵御这样的严寒，只能以休眠的方式躲在花萼里度过寒冬。

大多数情况下，花不开，就是“避寒”，躲避可能出现的寒冷天气。

现在回到最初的问题，气象条件如何影响植物开花呢？植物可没有天气预报，不可能知道“未来一周气温持续升高”之类的信息。但植物在千百万年的进化中也具有了判断“天气是否适宜开花”的能力。这样的能力主要集中在两方面：

首先，植物需要确定“冬天结束了”。这个时候植物的花蕾躲在花萼中沉睡，但其他器官可以感知到外界的气温。当外界冷了足够的时间，植物就可以确定冬天结束了。打个比方，植物并不知道明天的气温是多少，但是植物可以“统计”度过了多少个 0 ℃以下的日子，这样的日子达到一定数量，植物便认为冬天结束了——这是植物经过千万年进化而写进基因的内容。

随后，植物还得防范倒春寒的危害。这时候，数“冷日子”的方法就不行了，但植物可以数“热日子”：“今天最高气温可以开花，昨天也可以，前天也可以，嗯，基本安全了，开花吧！”也就是说，当外界适宜植物开花的气温持续一段时间，花蕾就会从花萼中绽放出来。

说到这里，大家也就知道为什么植物开花的时间各不相同的原因了：植物的耐寒性是不同的。迎春花 2 月底就可以开花，可玉兰差不多要等到三四月呢！

最后要说明的是，并非所有的植物都靠外界气温去判断会不会遇上倒春寒。有些气候独特的区域（比如高山、极地），有些植物会通过积雪状况去判断外界环境是否适宜开花，还有些植物依靠光照作为判别依据。这里我们只能感叹大自然的奇妙了。

植物花期不同

迎春花
2—4月

玉兰
3—4月

1

当外界适宜植物开的气温持续一段时间，花蕾就会绽放

2

外界“冷”了足够的时间，植物才能确认冬天过去了

3

高山杜鹃

覆盆子花

也有一些植物依靠光照、积雪状况来确认春天是否到来

4

8.6 “朝霞不出门，晚霞行千里”的说法准确吗

看到天边的彩霞，人们会常说一句谚语“朝霞不出门，晚霞行千里”。意思是说，如果看到朝霞，不久就会遇到阴天或者下雨，不宜出门；如果看到晚霞，第二天是个好天气，适宜出远门。古时候没有先进的气象探测设备和丰富的预报理论，只是凭借着长期的观测经验，总结出规律。那么这句谚语到底准不准确？有没有科学依据呢？让我们一起走进彩霞的世界。

首先认识一下“霞”是什么。霞是指日出或者日落时分天空中呈现的色彩缤纷的现象。霞出现在日出时的叫“朝霞”，出现在日落时的叫“晚霞”。

霞是大气对阳光的散射和吸收造成的，与大气中的含尘量和水汽有关。根据太阳的位置和霞的出现方位可分为反射霞和透射霞。反射霞与太阳的位置相反，透射霞与太阳的位置相同。“朝霞不出门，晚霞行千里”中的朝霞和晚霞指的都是反射霞。

同样都是绚烂的彩霞，为什么朝霞预示着降雨，晚霞却预示着好天气呢？朝霞出现说明早晨天空西边有云，而早晨的云主要是由天气系统性原因造成的，说明未来随着天气系统的东移，本地云层将会越来越多，天气转坏或有雨。晚霞出现说明西部天空没有云彩，太阳才能直接照射在东部天空，东部天空上的云彩会离本地越来越远，不会影响本地，故预示着本地天气将转好。

朝霞
晚霞
不出门
?
行千里
1
2
(尘埃和水滴)
西
气流运动方向
东
(水汽充足)
西边
本地
3
4
西
气流运动方向
东
空气干燥
晴空
天气晴好
本地
东边

8.7 “霓”“虹”“晕”“华”的区别

仰望天空，有时我们会看到色彩斑斓的“七色光”，可是大家有没有注意到，其实这些漂亮的“七色光”是有差别的。

虹，也就是我们最常见的彩虹，常出现在夏季的下午，雨后天刚转晴的时候。但其实上，只要空气中有水滴，我们背对着太阳，阳光以低角度照射，便可能观察到彩虹。这是什么原理呢？雨过或者雨小之后，天空中还飘浮着许多小水滴。阳光照射到小水滴，先在水滴表面发生折射和散射，再在水滴内部发生一次反射后离开，由于不同波长的光的折射率不同，我们就会看到外红内紫的彩虹了。有时候我们看到的彩虹十分清楚，有时候模模糊糊看不清。其实，彩虹的明显程度取决于空气中水滴的大小，水滴体积越大，形成的彩虹越鲜亮；反之，彩虹就比较淡，看不清楚。

霓。有时候在彩虹的外侧还能看到第二道“虹”，光彩比第一道虹稍淡，色序是外紫内红，称为副虹或霓。霓和虹的不同点仅仅在于阳光在雨滴内部发生了两次反射，因此，阳光通过雨滴后映入我们眼帘时，光弧色带就与彩虹正好相反。当然，彩虹和霓都要我们背对太阳才能看到。

晕。当高空存在由冰晶组成的薄云时，日、月光通过云中冰晶发生折射或反射会在日、月周围出现一些以日、月为中心的内红外紫的彩色光环和圆弧，统称为晕。形成晕的这种冰晶结构，常常是冷暖空气相遇，之后云层增厚发展成雨层云。所以，晕可能是风雨将临的征兆。

有句谚语叫“日晕三更雨，月晕午时风”。晕的出现，主要是由于卷层云的存在，而卷层云通常出现在气旋的前端。与气旋对应的地面锋面后方数百千米处就是云雨区。如气旋逐渐移近，云层越来越低，那么，就可能风力逐渐增强，并出现降水。因此，日（月）晕的出现，就预示着风雨天气即将到来。当然，这并不意味着日晕的出现一定是下雨的征兆，月晕的出现必刮风，这还需要结合其他的天气条件。

华。当太阳或月亮的光线被薄云（高积云、高层云）遮蔽，光线透过薄云里的水滴或冰晶时产生衍射，就会在其周围形成外红内紫的彩色光环。水滴或冰晶越小，光环越大，大小越均匀，光环色彩越鲜明。如果云层同时存在几种不同半径的水滴和冰晶，就可以出现几道光环。

1

彩虹

1. 太阳反方向
2. 充满小水滴

2

霓（副虹）

1. 虹的一种
2. 在虹的外围
3. 颜色稍淡

3

日晕

1.内红外紫
2.日晕三更雨
　月晕午时风

4

华

1. 内紫外红
2. 有时有多层光环

8.8 天气预报中有哪些术语

我们从电视、广播、网页等传播媒介上获得天气预报，你熟悉那些常用用语么？让我们来了解一下。

天气预报中的时间用语

凌晨	早晨	上午	中午
02时—05时	05时—08时	08时—12时	11时—14时
下午	傍晚	前半夜	后半夜
12时—17时	17时—20时	20时—00时	00时—08时
今天白天	今天夜间	今天下午到夜间	今天白天到夜间
08时—20时	20时—次日08时	12时—次日08时	08时—次日08时

天气预报中的时效用语

短临预报	短时预报	短期预报	中长期预报
0～2小时	12小时以内	1～3天	4～10天

在天气预报中，当总结上月天气时我们经常会听到，今年某月气温较常年偏冷或偏暖。那么，这个偏冷或偏暖是怎么来的呢？例如，如何判断2016年1月份是偏冷还是偏暖呢？首先，我们计算一下2016年1月份的平均气温。其次，计算一下1987—2016年1月份的平均气温，也就是具有气候统计意义的近30年平均气温。最后，比较一下前者和后者的关系，如果前者大于后者，那么2016年1月份较常年偏暖，反之则偏冷。

除此之外，在天气预报中，我们还会经常听到冷、暖气团。那么，什么是冷、暖气团呢？简单来说，冷气团来自高纬度地区，温度低，湿度小。暖气团来自低纬的海洋，温度高，含有较丰富的水汽。冷暖气团相遇时，两侧的空气性质，如温度、湿度、风都有明显的差异。通常在两气团的交界处天气会发生变化。

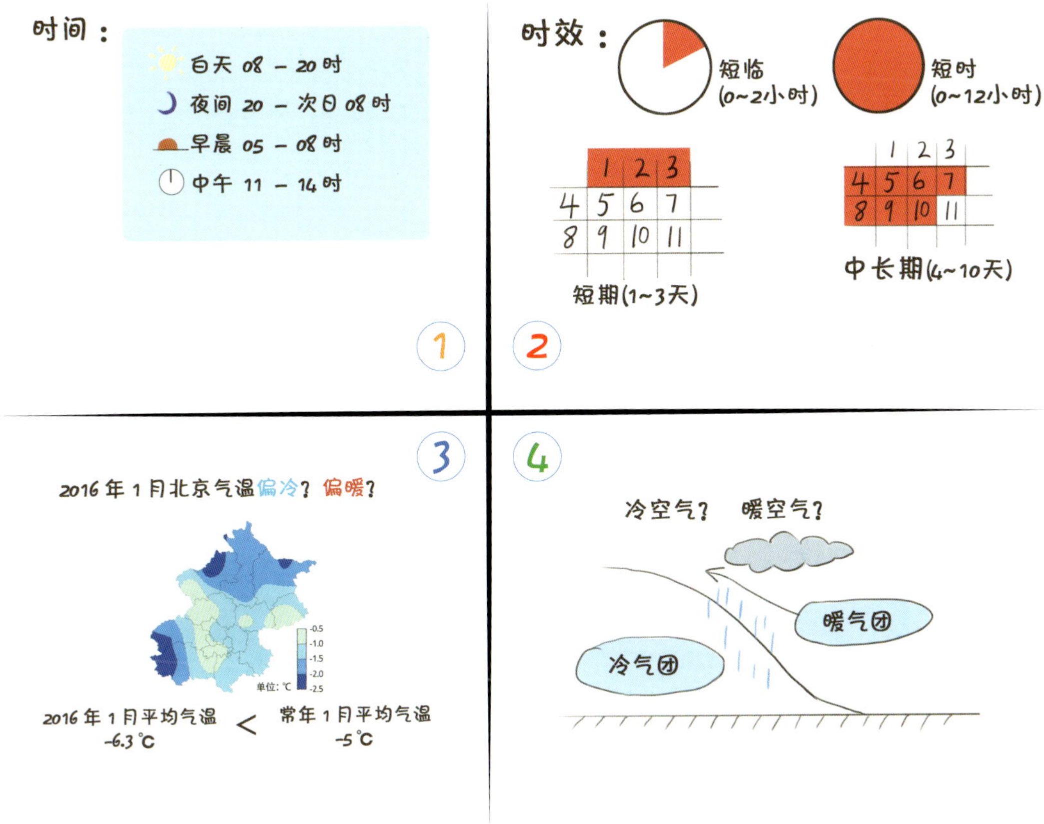

若较强的冷气团与暖气团相遇时，冷气团就会推着暖气团走，冷气团前进，暖气团后退，冷气团取代了暖气团原有的位置，形成冷锋。暖气团在冷气团的胁迫下抬升，水汽凝结就可能会下雨。

若较强的暖气团与弱冷气团相遇，在移动过程中，冷气团后退，暖气团跟着前进，形成暖锋。暖锋过境时，当地温暖湿润，气温上升，气压下降，天气多转云雨天气。由于暖锋比冷锋移动速度慢，因此可能会形成连续性降水。

参考文献

邓振镛，等, 2009. 高温热浪与干热风的危害特征比较研究. 地球科学进展，24(8): 865-873.

郭新彪，等, 2013. 大气 $PM_{2.5}$ 对健康影响的研究进展. 科学通报，58(13): 1171-1177.

李书严，等, 2008. 城市中水体的微气候效应研究. 大气科学，32(3): 552-560.

刘敏，等, 2010. 湖北省不同地形条件下风随高度变化研究. 气象，36(4): 63-67.

毛亚昆，等, 2012. 生态旅游资源之空气负离子研究进展. 贵州气象，36(1): 1-5.

孟龄，等, 2013. 北京城区气传花粉季节分布特征. 生态学报，33(8) : 2381-2387.

盛裴宣，等, 2003. 大气物理学. 北京：北京大学出版社 .

谭少轩, 2011. 虹霓现象的物理本质研究. 西安文理学院学报：自然科学版，14(4): 50-54.

王晓磊，等, 2013. 济南市南部山区不同模式庭院林空气负离子浓度. 应用生态学报，24(2): 373-378.

王郁，等，2013. 近 10 年来北京夏季城市热岛的变化及环境效应的分析研究. 地球物理学报，49(1): 61-68.

王占山，等, 2014. 北京城区臭氧日变化特征及与前体物的相关性分析. 中国环境科学 (12): 3001-3008.

吴素良，等, 2009. 陕西省电线积冰特征. 应用气象学报，20(2): 247-251.

肖风劲，等, 2006. 气象因素对标枪成绩的影响分析. 应用气象学报，S1:60-64.

张明如，等, 2009. 天目山国家级自然保护区柳杉群落空气负离子浓度日变化特征. 浙江林学院学报. 26(5): 701-707.

赵方新，2012. 气传致敏花粉区域性调查的研究进展. 疾病监测与控制. 06(10): 597-598，616.

朱乾根，等, 2000. 天气学原理与方法. 北京 : 气象出版社 .

Forrest J, et al, 2010. Flowering phenology in subalpine meadows: Does climate variation influence community co-flowering patterns? Ecology, 91(2): 431-440.

May P G, 1997. Why is the sky blue. [2016-10-10] http://math.ucr.edu/home/baez/physics/General/BlueSky/blue_sky.html.

Heide O M, 2008. Interaction of photoperiod and temperature in the control of growth and dormancy of

Prunus species. Scientia Horticulturae, 115(3): 309-314.

Nguyen V, at al, 2003. Effect of humidity and pressure on the triboelectric nanogenerator. Nano Energy, 2(5): 604-608.

Rango A, et al, 2003. Rime and graupel: Description and characterization as revealed by low-temperature scanning electron microscopy. Scanning, 25(3): 121-131.